ICONS

W0185246

DER Garten VON Eichstätt

HORTVS
EYSTETTENSIS,
SIVE
DILIGENS ET ACCVRATA OMNIVM
PLANTARVM, FLORVM, STIRPIVM, EX
VARIIS ORBIS TERRÆ PARTIBVS, SIN-
GVLARI STVDIO COLLECTARVM, QVÆ
IN CELEBERRIMIS VIRIDARIIS ARCEM EPISCOPALEM
IBIDEM CINGENTIBVS, HOC TEMPORE CONSPICIVNTVR
DELINEATIO ET AD VIVVM REPRÆSENTATIO
OPERÂ
BASILII BESLERI PHILIATRI
ET PHARMACOPOEI.
M.D C.XIII.
SALOMON
CYRVS.

DER Garten VON Eichstätt

DAS PFLANZENBUCH VON
BASILIUS BESLER

EINE AUSWAHL
DER SCHÖNSTEN BILDTAFELN

TASCHEN
KÖLN LONDON MADRID NEW YORK PARIS TOKYO

In Icona affabrè effictam clariss. Pharmacopoei
NORIMB. DN. BASILI BESLERI.

BESLERUM glyptes BASILEION imagine pulcrâ,
Quisquis es, ô Hospes, reddidit, ecce, tibi.
Nempe viri vultus dedit heic, atq; ora tueri:
Cernere vis mentis dona sagacis? age,
HERBARUM magnum hoc PLANTARUMq; Amphitheatron.
Inspice, quas dotes AREATINUS habet.
Divitiasq; HORTUS: Paradeison dixeris ipsum:
Condidit immortale hoc BASILEIUS OPUS.

GEORG. REMUS, P. A. JC.

INHALT

SEITE 9. Der Garten von Eichstätt
Zur Geschichte des Gartens
und des Buches
Klaus Walter Littger

Frühling

Winter

Sommer

Herbst

SEITE 186. Register

PAEONIA OFFICINALIS
Pfingstrose

OPUNTIA SPEC.
Feigenkaktus

LATHYRUS LATIFOLIUS
Staudenwicke

CNICUS BENEDICTUS
Benediktinerkraut

CANNA INDICA
Blumenrohr

ECHINOPS
Große Kugeldistel

Abb. 1
Philipp Hainhofer
Die Willibaldsburg um 1611, Blick von Norden
Aquarell über Feder
Wolfenbüttel, Herzog-August-Bibliothek, Cod. Guelf. 23.3.Aug. 2°, fol. 13v–14r.

DER Garten von Eichstätt

ZUR GESCHICHTE DES GARTENS UND DES BUCHES

1. Die Willibaldsburg und ihr Garten

Ein faszinierender Blick ins Altmühltal begrüßt den, der von Norden über die Bundesstraße nach Eichstätt kommt. Gegenüber erhebt sich auf gleicher Höhe die trotz erheblicher Zerstörungen des 19. Jahrhunderts immer noch imposante Willibaldsburg auf dem Frauenberg über der Altmühl. Im Tal liegt nach Osten die alte Bischofsstadt, im Westen das ehemalige Augustinerchorherrenstift Rebdorf.

Die Willibaldsburg wurde Mitte des 14. Jahrhunderts als Sitz der Fürstbischöfe des Hochstifts Eichstätt gegründet. In der Folgezeit immer wieder neu gesichert und erweitert, setzten 200 Jahre nach der Gründung große Um- und Neubaumaßnahmen ein, die bis ins erste Drittel des 17. Jahrhunderts fortdauerten. Wie vielerorts in Deutschland wurde auch in Eichstätt aus der Burg ein repräsentatives, aber wehrhaftes Schloß. Fürstbischof Martin von Schaumberg (1560–1590) veränderte seit 1569 den östlich zum Frauenberg hin gelegenen Teil der Vorburg vollständig und errichtete von der alten Schildmauer an eine umfangreiche, nach außen geschlossene Dreiflügelanlage als Repräsentationsbau, der in den Untergeschossen allerdings Wehranlage blieb (Abb. 2).

Nach der kurzen Regierungszeit Kaspar von Seckendorffs (1590–1595) gab sich Fürstbischof Johann Konrad von Gemmingen (1593/95–1612) an die Erneuerung des alten Kernbaues der Burg auf dem westlichen Bergsporn. Nach Plänen des Augsburger Architekten Elias Holl (1573–1646) begann er 1609 den Bau eines prachtvollen

Abb. 2
Daniel Burger, Die Willibaldsburg um 1600, Blick von Nordosten, Rekonstruktionszeichnung, 1999

Renaissance-Schlosses. Von 1611, aus der Zeit des Umbaus, ist eine Zeichnung erhalten, die einen schon weit fortgeschrittenen, vermutlich über die tatsächlich erreichte Bausituation hinausgreifenden Zustand des Gemmingenbaues mit den beiden flankierenden Türmen zeigt. Der Zeichner, der Augsburger Patrizier und Kunstagent Philipp Hainhofer (1578–1647), kommentiert: „Ihr f[ü]rstl. Gn[aden] wollen dass gantz Schloss umbkehren, und von felsensteinen auf den felsen bauen lassen, an welchem baw man disen Sommer noch vermaint ein Seiten under dass dach zu bringen, welches alles mit kupfer wird gedeckht werden, und alles uber die 100 000 fl. [Gulden] kosten [wird]" (vgl. Hainhofer 1881, S. 25). Die noch im selben Jahr zu vollendende „Seite" ist der hoch über die Bergfelsen emporragende, auf der Abbildung kaum sichtbare Südflügel (vgl. Abb. 1).

Schon Ende 1612 starb Gemmingen, ohne den Bau vollendet zu haben. Das Eichstätter Domkapitel übertrug diese Aufgabe seinem Nachfolger, Johann Christoph von Westerstetten (1612–1635/37). Das Ergebnis zeigt der große Kupferstich Wolfgang Kilians (1561–1662) von 1628: ein imposantes, befestigtes Schloß, „das abgeschlossene Bild eines der schönsten Fürstensitze des damaligen Deutschland, zugleich einer bedeutenden Landveste" (Lochner v. Hüttenbach, S. 24). Das Schloß öffnet sich mit zahlreichen großen Fenstern nach außen. Aber dem Betrachter des Bildes verschließt es sich. Nirgends – abgesehen von einem kahlen Vorhof – ist ein Blick ins Innere, und sei es nur in den Burggraben, möglich (Abb. 3).

Innerhalb eines halben Jahrhunderts wurde die Willibaldsburg grundlegend verändert, von der spätmittelalterlichen Burg über den wehrhaften Repräsentationsbau der Gegenreformation und das repräsentative Lustschloß der Spätrenaissance hin zum befestigten

Abb. 3
Wolfgang Kilian,
Die
Willibaldsburg 1628,
Blick von Norden,
Kupferstich (Detail)
Eichstätt, Universitäts-
bibliothek, GS(6)3.1.60

Prachtbau. Kilians Stich zeigt, abgesehen von einem Gebüsch beim alten Sommer- oder Gartenhaus unterhalb der Turmfront, keine Spur der auf Hainhofers Zeichnung deutlich erkennbaren, um 1628 noch blühenden Gartenanlagen, für die das Eichstätter Schloß Anfang des 17. Jahrhunderts berühmt gewesen ist.

Schon Fürstbischof Schaumberg hatte prächtige Gärten anlegen lassen. Eine zeitgenössische Quelle erwähnt, er habe „Gemäuer um das Schloß und die Gärten führen, auch das Brunn- oder Wasserwerk verneuern und zu besserem Nutzen an etliche Ortt im Schloß, und dafür auf zu gehen, wenden, leiten, einfassen und zurichten lassen“. Weihbischof Lorentz Eiszeph (1560–1601) rühmte in der Leichenpredigt auf den Fürstbischof, er habe das Schloß „sampt den newe[n] Gärten, Lust- und Sommerhäusern von Grundt auff Fürstlich erbawet“ (Leychpredigt, S. 16). Der Professor und Poeta laureatus der Ingolstädter Universität, Philipp Menzel (1546–1608), pries den Ver-

Abb. 4
Die
Willibaldsburg
1999, Blick von
Nordwesten

storbenen in einem Nachruf wegen der Schloßbauten und wegen der Bewässerungsanlagen für die von fremdländischen Blumen duftenden Gärten („peregrinis halantes floribus hortos“, Turner, S. 67).

Fürstbischof Gemmingen gab sich unverzüglich an den weiteren Ausbau der Gärten. Schaumberg hatte bereits den breiten, von einer Brücke überspannten Graben zwischen Vorburg und Vorwerken mit Gewölbebauten ausgefüllt und ein planes Areal für den neuen Schloßbau geschaffen. Gemmingen setzte die Umgestaltung der felsigen Bergkuppe rund um die Burg verstärkt fort. In der Widmungsvorrede zum *Hortus Eystettensis* an den Fürstbischof rühmt Besler (S. IV), der Boden des Geländes um die Burg sei über Jahre durch gute Erde aus dem Tal veredelt und kultiviert worden, so daß, zugleich mit dem prächtigen Ausbau der Burg, ein wundervolles Gesamtbild entstanden sei. Schon für 1599, zehn Jahre vor Beginn des weiteren Schloßausbaues, ist eine Übersicht über zahlreiche Ausgaben für die Gärten, namentlich für den hinteren Schloßgarten mitsamt Ausgestaltung und Ausstattung eines runden Turmes als Gartenpavillon, überliefert. 1611 berichtet Hainhofer direkt von der Baustelle, daß er „wol inn acht gärten umb dass Schloss herumb, welches auf Felsen ligt [...], gangen, welche alle underschidlich von Ländern, von partimenti [Beeten], von blumenwerckh, sonderlich von schönen Rosen, Lilien, tolepani [Tulpen], [...] theils mit gemahlten Säälen und lust Zimmern gezieret sein, inn deren einem Säälin ein runder ebeno tisch, an dem dass blat und der fuess mit silbern gestochenen blumen und insectis

Abb. 5
Der Bastionsgarten, 1999

eingelegt". Und weiter: „Man wird auch die gärten alle umbkeren und umb dass Schloss herumb einander gleich machen" (Hainhofer 1881, S. 24). Im Steinbruch unterhalb der Burg lasse Gemmingen Steine brechen und heraufschaffen, um das unwirtliche, felsige Gelände ganz neu zu gestalten und so aus den etwa „acht gärten umb dass Schloss herumb", oder, wie der Fürstbischof selbst an Herzog Wilhelm V. von Bayern schreibt, aus seinem „engen gärtlein" (Hainhofer 1881, S. 19) eine großräumig zusammenhängende Gartenanlage zu schaffen. Zur Zeit Hainhofers erstreckten sich diese Gärten wohl innerhalb der Wallanlagen um die Burg und über die Innenhöfe.

Viele der seinerzeit noch exotischen Pflanzen des *Hortus* sind heute in Mitteleuropa verbreitet. Schon damals waren mehr als die Hälfte in Deutschland beheimatet, knapp ein Drittel stammten aus dem Mittelmeerraum, etwa zehn Prozent aus Asien, vorwiegend Kleinasien und Ostindien, gut fünf aus Amerika, nur wenige Pflanzen kamen aus Afrika. Einen Teil der fremdländischen Pflanzen hatte Besler besorgt, hauptsächlich von seinen Ratgebern Joachim Camerarius d. J. und Carolus Clusius, teilweise waren sie, wie der Fürstbischof Hainhofer erzählt, von Kaufleuten aus den großen niederländischen Handelsstädten geliefert worden.

Auf der Dachterrasse (Altane) vor dem Zimmer des Fürstbischofs standen wohlgeordnet gläserne Schalen und Holztröge mit Pflanzen, auf die der Bischof durch große Fenster blickte. Dort waren auch sechs große Holzblöcke mit dürren Bäumchen aufgestellt; der

Abb. 6
Der Bastionsgarten, 1999

Abb. 7
Der Bastionsgarten, 1999

Bischof erklärte seinem Besucher, sie ersetzten ihm im Winter ein Vogelhaus vor dem Zimmer. Denn wenn er Vogelfutter streue, „so kommen die Vögel mit hauffen, offt uber die 200 zusammen, suchen ihre nahrung, singen zuesamen", und er lasse sie frei fliegen. Wolle er sie aber fangen, dann würde er sie vertreiben „und käme umb seine lust".

Durch das fürstliche Zimmer führte eine Wasserleitung zur Bewässerung der Gärten, so daß man im Zimmer das Wasser fließen hörte. Der Gartens selbst wurde durch „kleine hölzerne Säulen mit Röhren, die das Wasser auf Brünnlein und den ganzen Garten verteilen", bewässert (Papebroch, S. 88–89). In den beiden Stockwerken direkt unter der Altane befanden sich die Schatzkammern, in die man vom Vorraum des Fürstenzimmers über eine Wendeltreppe gelangte. Weiter führte die Wendeltreppe hinab zum Hasengraben und über eine Brücke in den als Garten gestalteten Zwinger. Die Wendeltreppe, die sogenannte Botanische Treppe, ist mit einer teilweise noch erhaltenen Holzkassettendecke ausgestaltet, die mit Pflanzen bemalt ist, Zeichnungen, wie sie auch im Prachtband des *Hortus Eystettensis* abgebildet sind. Der Altanen-Vorbau mit Schatzkammern und Treppe scheint nur wenige Jahre vor dem sogenannten Gemmingenbau des Elias Holl, aber bereits zur Zeit Gemmingens, errichtet worden zu sein. Die Ausmalung der Treppe stand also sicher in Zusammenhang mit dem Ausbau des Gartens und dem Abzeichnen der Pflanzen für den *Hortus Eystettensis*.

Abb. 8
Der Bastionsgarten, 1999

Damit wird Gemmingens Gesamtkonzeption deutlich: Das Schloß mit der prunkvollen Einrichtung, die Schatzkammern mit ihren zahlreichen, von Hainhofer ausgiebig beschriebenen Pflanzenornamenten und -schmuckfiguren und die Gärten ergeben eine einheitliche Lustschloß- und Gartenanlage, wie sie seit dem 16. Jahrhundert in Italien entwickelt worden, in Deutschland aber noch weithin unbekannt war. Angenehm sei es, „aus dem Fenster auf viele wohlbebaute und gepflegte Äcker zu sehen", doch noch schöner und wohltuender, „auf anmutige und ausgewogene [Garten-]Proportionen zu blicken, zierliche und ansehnliche Lauben und, wenn möglich, auf Kabinette und ergötzliche Einfassungen aus Lavendel, Rosmarin, Buchsbaum und ähnlichem; die entzückende Musik einer endlosen Zahl kleiner niedlicher Vögel zu hören", schreibt schon um die Mitte des 16. Jahrhunderts Charles Estiennes in seinem *Praedium Rusticum* (Cowell, S. 164). Diesen Genuß schafft sich Fürstbischof Gemmingen in, um und mit der Willibaldsburg. Er blickt durch die großen Fenster seines Zimmers über den Dachgarten der Altane und die, wie Besler schreibt, von ihm selbst gebauten wohlproportionierten, ummauerten Gärten mit Brunnen, Gartenhäusern und Statuen inmitten von Pflanzen, aber auch weiter über die Altmühl, die Ortschaften, die Wiesen und die wohlbebauten Äcker im Tal. Bezeichnenderweise spricht Hainhofer sogar von der Altmühl als einem Gewässer, „welches man auch umb den ganzen Schlossberg herumb gelaitet" habe: Er glaubt wohl, selbst das Flußbett sei künstlich angelegt. Auch Tiere hält der

Fürstbischof. Da sind vier Fasanengärten für verschiedenfarbige Fasanenarten, jeder mit eigenem Gärtner, ein Hasengraben und einige Vögel, vor allem eine Nachtigall. Die sonst üblichen Volieren scheint es kaum zu geben; die Vögel sollen frei ein- und ausfliegen. Fische tummeln sich in großer Vielfalt in der Altmühl. Zu diesen lebendigen

Abb. 9
Paeonia polyanthos flore rubro
Gefüllte Garten-Pfingstrose
Vorzeichnung
Erlangen, Universitätsbibliothek, E 356, Ms. 2370, Bl. 113

Schätzen kommen Versteinerungen, die sich im Altmühljura finden, „fisch, blätter, Vögel, blumen und vil seltzame Ding, so die Natur darinn sehen lesst" (Hainhofer 1881, S. 26).

Um 1600 finden sich Lustschlösser und -gärten auch andernorts in Deutschland, etwa in Linz, München, Stuttgart, aber in der Regel neben der eigentlichen Fürstenresidenz. So war der an die Residenz angrenzende „Rosengart" in München von einem Dreiflügelbau eingefaßt, auf dessen Dach eine Altane rundum führte: Blickte man von dort nach draußen, sah man in den großen Residenzgarten, aber eben nicht darüber hinaus, man blieb im Hortus conclusus, einem nach außen abgeschlossenen Garten. Eine Verbindung verschiedener Landschaftseinheiten wie beim Blick von der Altane der Willibaldsburg, die die typisch elegisch-sentimentale Stimmung eines Renaissance-Gartens noch steigern mußte, war noch nicht üblich. Der von Gicht und anderen Gebrechen gezeichnete Eichstätter Fürstbischof jedoch suchte Erholung nicht in einem hermetisch verschlossenen Garten, sondern ließ sich, wie Hainhofer

Abb. 10
Paeonia polyanthos flore rubro
Gefüllte Garten-Pfingstrose
Kupferstich, Abzug von 1998
Wien, Graphische Sammlung Albertina

Abb. 11
Paeonia polyanthos flore rubro
Gefüllte Garten-Pfingstrose
Kupferstich, alt koloriert, 1636

berichtet, zur Erfrischung „inn das grün und feld tragen" (Hainhofer 1881, S. 40). Nachdem er in jungen Jahren auf ausgiebigen Reisen durch Europa die Schönheit der Welt kennengelernt hatte, vergleicht er sich nun zwar gern mit dem leidenden Hiob (Hainhofer 1881, S. 32). Doch anders als jener zieht Gemmingen sich nicht klagend zurück, sondern bleibt empfänglich für alles Schöne, sammelt es und erfreut sich daran: „dises Bischoffs gröste Recreation ist in bluemenwerckh, Vögel, gold und Edel gestain" (Hainhofer 1881, S. 154). Dazu gehörte auch das Projekt des Prachtbandes über das „bluemenwerckh" seines Lustgartens. Nachdem er wohl zunächst den berühmten Arzt und Botaniker Joachim Camerarius d. J. (1534–1598) mit der Gartenplanung betraut hatte, beauftragte er schon Anfang des 17. Jahrhunderts den Nürnberger Apotheker Basilius Besler (1561–1629) damit. Etwa 1606/07 erhielt Besler auch den Auftrag für das Kupfertafelwerk. Wie der Schloßbau und zahlreiche weitere Projekte konnte es aber zu Gemmingens Lebzeiten nicht mehr fertiggestellt werden.

2. Das Buch

Über die Entstehung des *Hortus Eystettensis* berichten am ausführlichsten die wiederholt genannten Gewährsleute Philipp Hainhofer und Basilius Besler. Hainhofer zitiert aus einem Schreiben Fürstbischof Gemmingens an Herzog Wilhelm V. von Bayern, er habe, was „blumen und garten gewächs anlangt", seit einiger Zeit aus seinem Garten „abcopieren lassen, welches Ich aber dissmals nit bey handen, sondern nach Nürnberg versandt habe, alda Sie inn kupfer gestochen werden sollen, und villeicht mittler weil inn truckh ausgehen möchten". Dasselbe erzählt er Hainhofer: Die Zeichnungen seien in Nürnberg, wo „mich ein Apotheckher, so mir meinen garten helffen aufrichten und mit blumen vermehren, darumben gebetten, der es will in kupfer abstechen, truckhen, mir dedicieren, und also seinen Ruhm und profitt darmit suchen". Hainhofer fährt in dem Bericht fort, „dass der Beseler Apoteckher inn Nürnberg eben mit dem buch inn volliger arbeit seye, dass Ihre F[ü]rstl. Gn[aden] es verlegen, wochentlich eine oder zwo Schachteln voll frischer blumen zum abconterfetten hinein schickhen" und das „buch inn die 3 000 fl. [Gulden] kosten werde" (Hainhofer 1881, S. 19, 27 f.).

Der Nürnberger Apotheker Besler geht in der lateinisch abgefaßten Dedikation des Werkes an den Fürstbischof und in der Vorrede an den Leser näher auf sein Verfahren ein. Er beschreibt, wie er sich die erforderlichen botanischen Kenntnisse durch Lektüre und Rücksprache mit bekannten Botanikern erworben und in Nürnberg einen eigenen kleinen Garten angelegt habe, „nicht nur, um das Pflanzenstudium intensiver zu betreiben und meinem Gönner zu genügen, sondern auch, damit nötigenfalls die jeweiligen Pflanzen möglichst frisch für den Gebrauch [das Abzeichnen] hergenommen werden könnten" (Besler, S. III, VII). Die von Eichstätt ein- bis zweimal wöchentlich geschickten Pflanzen kamen wohl nicht immer frisch genug an; außerdem konnte der mühsame Transport so auf ein erträgliches Maß eingeschränkt werden. In der Vorrede an den Leser schreibt Besler, daß die Pflanzen zwar großenteils direkt aus dem Eichstätter

Garten, teilweise aber auch aus dem Gebiet des Fürstbistums bzw. der Diözese Eichstätt (sie reicht bis zum Süden Nürnbergs) stammen. Im übrigen habe er mehr als 40 einheimische Pflanzen und Kräuter des fürstbischöflichen Gartens zugunsten seltener und vornehmerer einfach weggelassen – und folgt damit der von Leonhard Fuchs (1501–1566) und Jakob Theodor Tabernaemontanus (um 1520/30–1590) eingeschlagenen Linie, Pflanzen ihrer Schönheit wegen abzubilden. Einen Auftrag zur Vollständigkeit, so schreibt er, habe er nicht gehabt.

Das Werk ist, wohl nach Vorbild des Joachim Camerarius, in vier Jahreszeiten und weiter in Ordnungen eingeteilt, innerhalb derer blattweise gezählt wird. Besler war vor allem bestrebt, die Pflanzen, jedenfalls die vornehmen, „flores & plantae istae principes", in ihrer vollen blühenden Größe abzubilden. Die wildwachsenden und kleineren wurden „gleichsam als Diener und Lakaien" wie Ornamente zum Auffüllen der Tafeln hinzugefügt. Die Tafeln sind also als Kunstwerke komponiert. Auch die Farbgebung ist konstituierend eingeplant, wie der Vergleich mit unkolorierten Ausgaben zeigt. Die beigefügten kleineren Pflanzen sind durchweg farblich auf die großen abgestimmt, ja die Farbe ist oft das wichtigste Kompositionselement, wie beispielsweise die Tafel mit der Darstellung des Akanthus in Kombination mit zwei Vergißmeinnicht zeigt: im Erscheinungsbild ganz unterschiedliche, im Farbton genau aufeinander abgestimmte Pflanzen. Dementsprechend enthalten die in der Universitätsbibliothek Erlangen aufbewahrten Vorzeichnungen für die Kupfertafeln, wenn auch oft nur rudimentäre, so doch ausreichende Vorgaben für die Kolorierung (vgl. Abb. 9).

Die Forschung ist sich seit langem darüber einig, daß der wissenschaftliche Wert des *Hortus Eystettensis* begrenzt ist. Die Abbildungen sind zwar genau, unterscheiden aber nicht zwischen dem botanisch Wesentlichen und Unwesentlichen – eine Differenzierung, die bereits Konrad Gesner (1516–1565) eingeführt hatte –, das war aber auch gar nicht Beslers Absicht. Er wollte vor allem ein prächtiges Tafelwerk, ein Florilegium, herstellen, möglichst naturgetreu, wie er wiederholt betont. Die Pflanzen sollten in voller Schönheit und natürlicher Größe abgebildet werden. So kommt es, daß er dieselbe Pflanzenart in unterschiedlichen Ausprägungen, z. B. infolge von Mutationen, zeigt. Oft sind es bloße Farbvarianten. Hainhofer berichtet von „fünfhunderterley" verschieden gefärbten Tulpen im Eichstätter Garten, 54 sind abgebildet (Hainhofer 1881, S. 28). Das „große Eich-

Abb. 12
Basilius Besler,
Hortus Eystettensis
Text und Tafelseite
des 3. Bandes,
Tafel 283
Eichstätt, Seminar-
bibliothek

stättische gelbe Veil“ (s. S. 107) ist z. B. nichts als ein virusbefallener Goldlack. Während sich die Abbildung der Türkenbund-Lilie (s. S. 112, 113) über zwei Blätter erstreckt, um eine Wiedergabe in natürlicher Größe zu erreichen, ist in vielen anderen Fällen ein Teil des Pflanzenstengels abgeschnitten und Knolle, Zwiebel oder Wurzel entweder direkt unter oder neben dem oberen Teil der Pflanze abgebildet. Der Feigenkaktus wiederum (s. S. 180) ist erheblich verkleinert, aber mit einem Maßstab (in Fuß) am linken unteren Bildrand versehen, während viele Bäume und Sträucher nur mit einzelnen Zweigen gezeigt werden.

Kritisiert werden auch schon früh die Beschreibungen der Pflanzen und deren Benennungen, die trotz der reichhaltigen Literaturhinweise oft nicht auf der Höhe der Zeit seien; Besler stimmt selbst in diese Kritik ein. Auch wird ihm vorgeworfen, daß er zwar kundige Helfer wie den späteren Altdorfer Professor der Botanik Ludwig Jungermann (1572–1653) für die Abfassung der Texte herangezogen habe, sie in den Vorreden zum *Hortus Eystettensis* aber nicht erwähne. Besler nennt aber, auch darin dem vielgerühmten Camerarius ähnlich, überhaupt keinen seiner vielen Mitarbeiter, weder die Zeichner, die die Pflanzen nach der Natur gezeichnet und die die Vorlagen für die Kupferstiche angefertigt haben, noch die Kupferstecher oder die Illuminatoren, ja nicht einmal den oder die Drucker, so daß bis heute nicht geklärt ist, wo der *Hortus* gedruckt worden ist. Immerhin werden alle Beteiligten pauschal im *Hortus*-Privilegium des Nürnberger Collegium Medicum, dem Besler angehört hat, gerühmt. Lediglich seiner beiden zum Zeitpunkt der Drucklegung schon verstorbenen berühmten Ratgeber Joachim Camerarius d. J. und Carolus Clusius (1526–1609), einst kaiserlicher Hofbotaniker und später Professor in

Abb. 13
Basilius Besler,
Hortus Eystettensis
Text und Tafelseite
des 3. Bandes,
Tafel 290
Eichstätt, Seminar-
bibliothek

Leiden, gedenkt Besler in den Vorreden dankbar, und selbstverständlich des Fürstbischofs Johann Konrad, der den Eichstätter Garten weitgehend selbst geplant und vieles selbst gepflanzt habe. Und so, wie der Garten das Werk des Bischofs war, so ist die Gesamtplanung und Organisation des Buches Beslers Werk, „Opera Basilii Besleri“, wie es das Titelblatt besagt (vgl. Abb. S. 2). Auch verewigt sich Besler auf den vier gleichbleibenden Zwischentitelblättern mit seinem Wappen und den Attributen seines Berufes. Man scheint das später in Eichstätt als anmaßend und unverschämt angesehen zu haben. Sicher hat man sich keine Vorstellung davon gemacht, welche Leistung die Produktion dieses monumentalen Buches war, eine Leistung, die wohl nur in einer Stadt wie Nürnberg mit ihrem frühindustriellen Wirtschaftsleben möglich war, wo mehrere Handwerker einem einzigen Produzenten zuarbeiteten und wo bereits 120 Jahre zuvor, in der Frühzeit des Buchdrucks, Hartmann Schedel mit der *Weltchronik* ein vergleichbares Projekt verwirklicht hatte.

Da auf den Tafeln des öfteren blühende Pflanzen kombiniert sind, die zu unterschiedlichen Zeiten zur Blüte kommen, kann man vermuten, daß zuerst die Pflanzen nach der Natur gezeichnet wurden und erst danach die Komposition der sogenannten Vorzeichnungen für die Stecher erfolgte. Als einen der Zeichner glaubt Nicolas Barker Sebastian Schedel (1570–1628), einen Angehörigen jener bedeutenden Nürnberger Familie, identifizieren zu können. Besler hat aber auch, wie damals üblich, die vorhandenen Florilegien, vor allem das des Camerarius, eifrig ausgeschlachtet.

Als Künstler der Vorzeichnungen sind bisher der Augsburger Daniel Hertzog und der Nürnberger Georg Gärtner († 1654) namentlich bekannt, von den Kupferstechern die Augsburger Wolfgang Kilian sowie Dominicus (nach 1550–1612) und Raphael Custos (um 1590–1651), weiterhin die in Nürnberg und dem fränkischen Raum ansässigen Friedrich (um 1580–1660) und Levin van Hulsen, Peter Isselburg (um 1580– nach 1630), Dietrich Krüger (um 1575–1624), Hieronymus Lederer († 1615), Johann Leypoldt, Servatius Raeven, G. Remus, Heinrich Ulrich († 1621) und der bereits als Zeichner erwähnte Georg Gärtner. Einige finden sich auch unter den Illuminatoren der Tafeln wieder, außerdem der Nürnberger Georg Mack d. J. († nach 1622) mit Familie, später Magdalena Fürstin (1652–1717) und Hans Thomas Fischer.

Wie Versuche in der Graphischen Sammlung Albertina in Wien jüngst gezeigt haben, ist für den guten Abdruck einer Platte von der Einrichtung der Kupferplatte über die Farbverteilung und diverse Probedrucke bis hin zum gelungenen Abzug heute ein voller Arbeitstag anzusetzen. Bei ähnlichem Zeitaufwand um 1612/13 bedeutet das für gut 370 Einzelplatten etwa 1 1/4 Jahr. Mehrfachabzüge von einer Kupferplatte gingen natürlich schneller vonstatten. Aber auch dann schaffte man mit allen Vor- und Nachbereitungen von Platte und Papier wohl kaum mehr als zehn Abzüge pro Tag. Die Platten wurden an verschiedenen Orten, jedenfalls in Augsburg und Nürnberg, und in mehreren Werkstätten gefertigt und gedruckt. Damit verkürzt sich der Gesamt-Zeitaufwand entsprechend. Aber die Aufteilung auf verschiedene Orte und Werkstätten bedurfte einer diffizilen Planung. Diese war ebenso wie die phasenverschoben ineinandergreifende Organisation aller übrigen Arbeiten, vom Besorgen der Pflanzen aus Eichstätt oder dem eigenen Nürnberger Garten und deren Bereitstellung zum Abzeichnen über das Stechen und Drucken bis hin zum Kolorieren, die Aufgabe Beslers. Dabei war es für ihn von Vorteil, daß das Abzeichnen, Stechen, Drucken und Kolorieren in Nürnberg offenbar von denselben Handwerkern geleistet wurde, also nicht noch verschiedene Handwerkszünfte eingeschaltet werden mußten.

Die Buchdrucker hingegen bildeten eine eigene Handwerkerschaft. Sie mußten gesondert verpflichtet und eingeplant werden. Die Frage,

Abb. 14
Basilius Besler
Hortus Eystettensis, 3 Bde.,
Nürnberg 1613

Bei der Ausgabe des *Hortus Eystettensis* handelt es sich um ein Königs-Folio mit den Maßen 57 x 46 cm. Die Bände haben insgesamt 584 Blätter davon sind 373 Bildtafeln.

Der erste Band des Eichstätter Exemplars behandelt den Frühling (Tafel 1–134), der zweite den Sommer (Tafel 135–261) und der dritte Band den Spätsommer, Herbst und Winter (Tafel 262–367).

Die erste Auflage betrug 300 Exemplare und kostete in der unkolorierten Fassung 35 bzw. 48 Gulden, die handkolorierte Ausgabe hingegen 500 Gulden, was in etwa den Kosten eines kleinen Hauses entsprach.

wo der *Hortus*-Text gedruckt worden sei, ist unterschiedlich beantwortet worden. Am überzeugendsten sind Barkers Ausführungen, nach denen mehrere Druckereien beteiligt gewesen sind.

Das enorme Format des *Hortus Eystettensis* (Königs-Folio = 57 x 46 cm) hatte zur Folge, daß auch die Textseiten einzeln gedruckt wurden. Es wurden zwei Ausgaben hergestellt: In der einfacheren enthielt die Vorderseite eines Blattes den Kupferstich, die Rückseite den Text zur folgenden Tafel. Bei der prachtvolleren Version blieben die Rückseiten der Tafeln frei, und jeweils zwischen zwei Abbildungsseiten wurde ein beidseitig bedrucktes Textblatt eingefügt; die Tafeln sind der je zugehörigen Textseite zugeordnet; auf eine linksseitige Tafel folgt also rechts deren Text, auf dessen Rückseite (linke Buchseite) der Text zur folgenden, rechtsseitigen Tafel (vgl. Abb. 12, 13).

Die beidseitig bedruckte Ausgabe war wohl für den Buchhandel, die Prachtversion, die in jedem Fall koloriert werden sollte, für die Belange des Fürstbischofs gedacht. Anders als bei der Prachtversion ist für die beidseitig bedruckte, gleichgültig, ob der Kupferstich oder der Text zuerst gedruckt worden ist, beim zweiten Druckvorgang mit Ausschuß zu rechnen. Die Ergänzung des Tafelwerkes durch Textseiten bedeutete also eine erhebliche organisatorische und finanzielle Mehrbelastung für den Produzenten. Es ist verständlich, daß Besler sich nur auf Drängen des Fürstbischofs darauf eingelassen hat.

Dazu kommt ein anderes Problem. Abgesehen von der sogenannten Signatur (Lagenzählung) am unteren Blattrand der Textseiten gibt es keine Seiten- oder Blattzählung. Die Textseiten sind mit der Angabe der Ordnung (innerhalb der Jahreszeit) und der dazugehörigen Folio-Zählung versehen, so daß eine korrekte Zusammenstellung von Text und Abbildung nur mit Hilfe der Register möglich ist. Verkauft wurden nicht das gebundene Buch oder der Buchblock, sondern die losen Blätter, also Titelblatt, zehn weitere Blätter mit Widmung, Vorrede etc., vier Zwischentitelblätter, mehrseitige Register zu den einzelnen Jahreszeiten sowie 367 oder 551 Blätter mit Tafeln und Texten. Der Buchbinder, dem normalerweise eindeutige Lagen geliefert wurden, mußte also zuerst die Blätter in der richtigen Reihenfolge zu Bögen (je zwei Blätter) und danach in Lagen (in der Regel vier ineinandergelegte Bögen) zusammenfügen, ein außergewöhnlich mühsames Unterfangen. Es wundert nicht, daß immer wieder Fehler auftraten. Klagen finden sich beispielsweise im Hainhoferschen Briefwechsel, nachdem der für mehrere Fürsten Exemplare besorgt hatte. Am 6. April 1617 schreibt er z. B. an Herzog August d. J.

von Braunschweig-Lüneburg: „Das bluemenbuch hab ich binden lassen, und weil es hin und wider sehr diffectuos gewest, [...] allenweil wol 100 auch fürnemme buchbünder dises buch nit collationiern [die richtige Blattfolge herstellen] künden, die kain ganzes exemplar gesehen haben“ (Hainhofer 1984, S. 198, Nr. 304). Besler dürfte derartige Beschwerden schon bald und häufig gehört haben.

Verständlicherweise hat er versucht, seinen Wunsch einer textlosen Ausgabe doch noch zu verwirklichen. Fürstbischof Gemmingen war am 7. November 1612, gut ein halbes Jahr vor Erscheinen des Werkes, gestorben. Am 23. August 1613 widmet Besler dem Nachfolger, Fürstbischof Johann Christoph von Westerstetten, eine Ausgabe ohne Text mit der Begründung, die andere sei den Käufern zu teuer. Außerdem frage man ihn, was für einen Nutzen die zitierte veraltete Literatur bringe, zumal die Pflanzen da nur verkleinert abgebildet seien, bei ihm hingegen erstmals in natürlicher Größe. Mit dieser Widmung gelingt es Besler, auch den Nachfolger seines verstorbenen Mäzens in das Editionsprojekt einzubinden. Späteren Aufzeichnungen zufolge hatte Gemmingen bis zu seinem Tod 7500 Gulden beigesteuert. Die Gesamtkosten sollen 17920 Gulden betragen haben. Westerstetten muß demnach noch gut 10000 Gulden bewilligt haben. Als Gegengabe wurde ihm, der in der Botanik sicher weniger bewandert war als sein Vorgänger, mit fadenscheinigen Begründungen eine Ausgabe ohne Text dediziert.

1613 sind also drei verschiedene Ausgaben erschienen, zwei mit Begleittexten zu den Tafeln und eine ohne Texte. Die repräsentative Version mit Text ist laut Barker erst nach der einfachen, jedenfalls nach Oktober 1613, fertiggestellt worden. Die Ausgabe ohne Text dürfte ebenfalls 1613 erschienen sein, vielleicht sogar noch vor der aufwendigen. Es ist daher müßig, verschiedene Auflagen von 1613 unterscheiden zu wollen. Eher dürften alle drei Ausgaben zusammen die überlieferte Auflagenhöhe von 300 Exemplaren erreicht haben. Man wird besser von einer Auflage in drei verschiedenen Ausgaben sprechen, so wie z. B. knapp 200 Jahre später Göschen eine Gesamtausgabe der Werke Christoph Martin Wielands in vier Versionen gleichzeitig herausgegeben hat. In der Auflage von 1640 wurden jedenfalls die drei Ausgaben zusammen als 1. Auflage bezeichnet. Die unkolorierte Ausgabe kostete 35 bzw. gebunden 48 Gulden (die Bindekosten dürften kaum 13 Gulden betragen haben), die kolorierte 500, ungefähr so viel wie ein kleines Haus in der Stadt Nürnberg oder München (Hainhofer 1984, S. 39 f., Nr. 26, 198, Nr. 304).

Seit einiger Zeit gibt es Hinweise auf eine Auflage von 1627. Vermutlich handelt es sich aber um ein in wenigen Exemplaren zusammengestelltes Florilegium einiger, möglicherweise überzähliger Blätter für Mitarbeiter Beslers, die u. a. beim *Hortus* behilflich gewesen sind. Nur zwei unterschiedlich umfangreiche Exemplare sind heute noch bekannt, eines in der Hessischen Landes- und Universitätsbibliothek Darmstadt mit 96 Tafeln und ein zweites, mit 23 Tafeln, das am 27./28. April 1987 bei Sotheby's in London versteigert wurde.

Die nächste Auflage erschien im Jahr 1640, noch während des Dreißigjährigen Krieges, unter Fürstbischof Marquard II. Schenk von Castell (1636–1685). Während der Garten selbst verfiel, weil die finanziellen Ressourcen des Hochstifts für den Wiederaufbau der 1633 zerstörten Residenzstadt benötigt wurden, wagte man sich an die Neuauflage in der Hoffnung, den mittlerweile über Deutschland hinaus bekannt gewordenen Prachtband:

diesen Eichstätter Garten,
errichtet im goldenen Zeitalter,
dargestellt mit ehernen Typen,
erneuert in eisernen Jahren (Vorrede, S. VI),

in Frankreich, den Niederlanden und England gut absetzen zu können. Die Auflage enthält keinen Text, weil er, wie es in der Vorrede heißt, von Fachleuten für ziemlich falsch oder zumindest oberflächlich gehalten werde – Beslers eigenes Argument für die textlose Ausgabe! Die Ordnung ist beibehalten, nur sind die Winterpflanzen dem Herbst zugeordnet, so daß es nur noch drei Teile gibt.

Fürstbischof Johann Anton I. Knebel von Katzenelnbogen (1705–1725), der auch den verkommenen Garten wieder herrichten wollte, plante 1713 eine Jubiläumsausgabe. Sie sollte um einige Tafeln, deren Vorzeichnungen der Ingolstädter Professor der Medizin und Botanik Johann Michael Hertel (um 1650–1740) anfertigte, erweitert werden. Es müssen aber verschiedene Schwierigkeiten aufgetreten sein. So blieb das Projekt kurz vor der Vollendung stecken. Erst nach 1746 wurde es durch den fürstbischöflichen Leibarzt Johann Georg Starckmann (1701–1780), unterstützt von dem Nürnberger Arzt Christoph Jacob Trew (1695–1769), ausgeführt. Die Texte

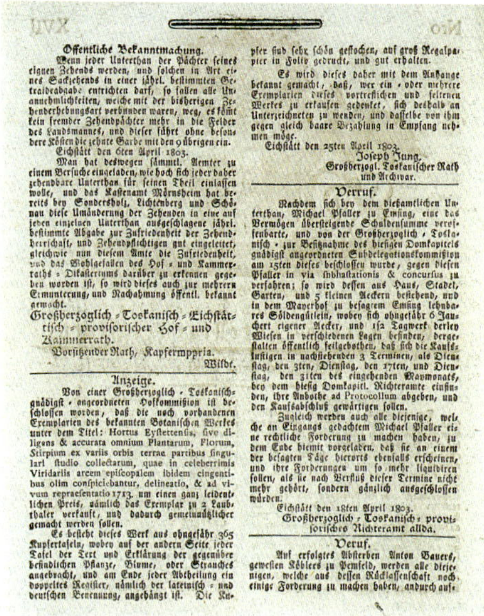

XVII Nro

Öffentliche Bekanntmachung.

Wenn jeder Unterthan der Pächter seines eignen Zehends werden, und solchen in Art eines Sackzehends in einer jährl. bestimmten Getraideabgabe entrichten darf, so fallen alle Unannehmlichkeiten, welche mit der bisherigen Zehenderhebungsart verbunden waren, weg, es kömt kein fremder Zehendpächter mehr in die Felder des Landsmannes, und dieser führt ohne besondere Kösten die zehnte Garbe mit den 9 übrigen ein.

Eichstätt den 6ten April 1803.

Man hat deswegen sämmtl. Aemter zu einem Versuche eingeladen, wie hoch sich jeder daher zehendbare Unterthan für seinen Theil einlassen wolle, und das Kastenamt Mörnsheim hat bereits bey Sondersholz, Lichtenberg und Schönau diese Umänderung der Zehenden in eine auf jeden einzelnen Unterthan ausgeschlagene jährl. bestimmte Abgabe zur Zufriedenheit der Zehendherrschaft, und Zehendpflichtigen gut eingeleitet, gleichwie nun diesem Amte die Zufriedenheit, und das Wohlgefallen des Hof- und Kammeraths-Dikasteriums darüber zu erkennen gegeben worden ist, so wird dieses auch zur mehrern Ermunterung, und Nachahmung öffentl. bekannt gemacht.

Großherzoglich-Toskanisch-Eichstättisch-provisorischer Hof- und Kammerrath.

Vorsitzender Rath, Kapfermppria.

Wildt.

Anzeige.

Von einer Großherzoglich-Toskanisch-gnädigst-angeordneten Hofkommißion ist beschlossen worden, daß die noch vorhandenen Exemplarien des bekannten Botanischen Werkes unter dem Titel: Hortus Eystettensis, sive diligens & accurata omnium Plantarum, Florum, Stirpium ex variis orbis terrae partibus singulari studio collectarum, quae in celeberrimis Viridariis arcem episcopalem ibidem cingentibus olim conspiciebantur, delineatio, & ad vivum repraesentatio 1713. um einen ganz leidentlichen Preis, nämlich das Exemplar zu 2 Laubthaler verkauft, und dadurch gemeinnützlicher gemacht werden sollen.

Es besteht dieses Werk aus ohngefähr 365 Kupfertafeln, wobey auf der andern Seite jeder Tafel der Text und Erklärung der gegenüber befindlichen Pflanze, Blume, oder Strauches angebracht, und am Ende jeder Abtheilung ein doppeltes Register, nämlich der lateinisch- und deutschen Benennung, angehängt ist. Die Kupfer sind sehr schön gestochen, auf groß Regalpapier in Folio gedruckt, und gut erhalten.

Es wird dieses daher mit dem Anhange bekannt gemacht, daß, wer ein- oder mehrere Exemplarien dieses vortreflichen und seltenen Werkes zu erkaufen gedenket, sich deshalb an Unterzeichneten zu wenden, und dasselbe von ihm gegen gleich baare Bezahlung in Empfang nehmen möge.

Eichstätt den 25ten April 1803.

Joseph Jung,
Großherzogl. Toskanischer Rath und Archivar.

Verruf.

Nachdem sich bey dem dießamtlichen Unterthan, Michael Pfaller zu Emsing, eine das Vermögen übersteigende Schuldensumme veroffenbarte, und von der Großherzoglich-Toskanisch-zur Besitznahme des hiesigen Domkapitels gnädigst angeordneten Subdelegationskommißion am 15ten dieses beschlossen wurde, gegen diesen Pfaller in via subhastationis & concursus zu verfahren; so wird dessen aus Haus, Stadel, Garten, und 5 kleinen Aeckern bestehend, und in dem Mayerhof zu besagtem Emsing lehnbares Söldengütlein, wobey sich ohngefähr 6 Jauchert eigener Aecker, und 1/2 Tagwerk derley Wiesen in verschiedenen Lagen befinden, dergestalten öffentlich feilgebothen, daß sich die Kaufslustigen in nachstehenden 3 Terminen, als Dienstag, den 3ten, Dienstag, den 17ten, und Dienstag, den 31ten des eingehenden Maymonats, bey dem hiesig Domkapitl. Richteramte einfinden, ihre Anbothe ad Protocollum abgeben, und den Kaufsabschluß gewärtigen sollen.

Zugleich werden auch alle diejenige, welche an Eingangs gedachtem Michael Pfaller eine rechtliche Forderung zu machen haben, zu dem Ende hiemit vorgeladen, daß sie an einem der besagten Täge hierorts ebenfalls erscheinen, und ihre Forderungen um so mehr liquidiren sollen, als sie nach Verfluß dieser Termine nicht mehr gehört, sondern gänzlich ausgeschlossen würden.

Eichstätt den 18ten April 1803.

Großherzoglich-Toskanisch-provisorisches Richteramt allda.

Veruf.

Auf erfolgtes Absterben Anton Bauers, gewesten Köblers zu Pemfeld, werden alle diejenigen, welche aus dessen Rücklassenschaft noch einige Forderung zu machen haben, andurch auf-

Abb. 15
Verkaufsanzeige vom 25. April 1803 für die Ausgabe des *Hortus Eystettensis* von 1750
Gnädigst-Privilegirtes Großherzoglich-Toskanisches Eichstätter-Intelligenz-Blatt, 1803, Nr. XVII, S. 2

wurden mit leichten Veränderungen neu gesetzt, das für 1713 hergerichtete Titelblatt blieb unverändert. Daher trägt diese Auflage das Erscheinungsjahr 1713. Als Verlag erscheint die Eichstätter Hofbuchdruckerei Strauss. Die Auflage ist, abgesehen von einigen schon um 1713 ausgegebenen Vorabexemplaren, um oder kurz nach 1750 erschienen. Auflagenhöhe und Preis sind nicht bekannt. Immerhin waren ein halbes Jahrhundert später noch zahlreiche Exemplare vorhanden, die man mit wenig Erfolg zu verkaufen suchte. So wurde am Mittwoch, dem 25. April 1803, in der Eichstätter Zeitung eine Verkaufsaktion angekündigt, die jedoch schon am 29. Juni 1803 wieder abgebrochen wurde (vgl. Abb. 15).

Spätestens seit Carl von Linnés neuer Pflanzensystematik war die Ordnung des *Hortus Eystettensis* hoffnungslos veraltet. Der Eichstätter Arzt Franz Seraph Widnmann brachte deshalb 1805 eine Konkordanz mit dem Linnéschen System in Nürnberg heraus, die 1806 in französischer Übersetzung mit einer Widmung an Kaiserin Joséphine in Eichstätt erschien. Sie wurde zusammen mit dem *Hortus* von ca. 1750 angeboten. Genutzt hat das wenig, die Bevölkerung war durch endlose Kriegskontributionen verarmt. 1817 waren noch 86 Verlagsexemplare des *Hortus Eystettensis* vorhanden.

Lange galten die Kupfertafeln des *Hortus* als verschollen. Es hieß, sie seien nach 1820 in der Münchener Münze eingeschmolzen worden. 1998 wurde bekannt, daß in der Graphischen Sammlung Albertina in Wien bei der Umlagerung von Depotbeständen 329 Originalplatten, darunter auch das Titelkupfer, entdeckt worden sind. Der Verbleib der restlichen Platten ist unbekannt. Unklar ist, wie die Platten nach Wien gelangt sind. Es scheint, daß sie 1803, nachdem das säkularisierte Eichstätt durch den Reichsdeputationshauptschluß Erzherzog Ferdinand von Salzburg-Toscana zugesprochen worden war, nach Salzburg und später nach Wien gelangten. Ende 1802, als zunächst Bayern Eichstätt vereinnahmen wollte, waren sie ins bayerische Neuburg/Donau abtransportiert worden, wie der Interims-Hofmarschall Ignaz Freiherr von Zweyer am 3. März 1803 der Salzburgischen Regierung in Eichstätt mitteilte. Wahrscheinlich waren sie von der erzherzoglichen Regierung zurückgefordert, aber nicht mehr nach Eichstätt, sondern, auch ihrer Größe (ca. 49 x 40 cm) und ihres beträchtlichen Gewichts (ca. 4 kg) wegen, gleich über Donau, Inn und Salzach nach Salzburg oder direkt nach Wien verschifft worden.

Ebenfalls 1998 wurde ein kleiner Teil der ehemaligen Gartenanlagen in Anlehnung an den *Hortus Eystettensis* als Bastionsgarten bei der Willibaldsburg wiederhergerichtet und eröffnet.

3. Abbild des Paradieses

In der Vorrede des 1664 erschienenen, durch Caspar und Hieronymus Bauhin bearbeiteten *New vollkommen Kräuter-Buchs* von Jakob Theodor Tabernaemontanus heißt es, „Kräuter“ und „Gewächse der Erden“ seien bloß zum Nutzen des Menschen da, „anfangs zwar, theils und insonderheit zur Speiß, theils zur Belustigung, hernach aber, nach dem läidigen Sündenfall, auch zur Bekleidung und Artzney“.

Noch ganz anders hatte sich der für Besler maßgebliche Nürnberger Botaniker Joachim Camerarius in der Vorrede zu dem von ihm übersetzten und bearbeiteten, seit 1586 mehrfach erschienenen *Kreutterbuch* von Pier Andrea Matthioli geäußert: Wenn der Mensch die Schöpfung, die Gräser, Kräuter und Bäume des dritten Schöpfungstages, betrachte, dränge es ihn, Gott zu rühmen. Noch eindeutiger hatte Carolus Clusius, den Besler ursprünglich dem Eichstätter Fürstbischof als Herausgeber des *Hortus Eystettensis* empfohlen hatte, 1601 die Titelseite seines Pflanzenbuchs *Rariora plantarum historia* gestaltet: ein Epitaph, in dessen Mitte der Titel steht, darunter das Motto „virtute et ingenio", darüber die Sentenz „plantae cuique suas vires deus indidit, atque praesentem esse illum, quaelibet herba docet", „Gott gab einer jeden Pflanze ihre Kräfte, und jedes Gewächs beweist, daß er gegenwärtig ist". Rechts und links stehen die alttestamentlichen Gestalten Adam und Salomon, darunter sitzen die antiken Botaniker Theophrastus und Dioscurides. Bekrönt wird all das von der göttlichen Feuer- und Wolkensäule des Alten Testamentes mit dem hebräischen Gottesnamen (vgl. Abb. 16).

Das Titelkupfer des *Hortus Eystettensis* kehrt diese Verhältnisse geradezu um. Ein Portikus, ein Tempelvorbau, beherrscht die Bildfläche. Er ist flankiert von gewundenen Säulenpaaren nach Vorbild der Säulen des salomonischen Tempels. Wie in Kirchen der Gotik und Renaissance ist dazwischen ein Gobelin gespannt. Darauf steht der Titel des Buches. Darunter öffnet sich der Blick ins Paradies, in das Gott den Menschen führt, damit er als ihr Herr den Tieren Namen gebe und den Garten Eden bebaue. Seitlich vor den Säulen sind Salomon und Cyrus postiert. König Salomon wußte über die Zedern des Libanon ebenso kenntnisreich zu sprechen wie über den Ysop, der als Unkraut an Mauern wächst (Könige 5, 13). Der mächtige Perserkönig Cyrus war auch im Gartenbau erstaunlich bewandert, hatte selbst einen berühmten Garten angelegt und Bäume gepflanzt, wie Cicero in *De senectute* (Kap. 17) schreibt. Besler verweist auf diese Textstellen auch in seiner Widmung an den Fürstbischof (S. II). Auf gleich hohen Podesten wie die Könige steht links außen ein Feigenkaktus (*Opuntia ficus-indica*), rechts eine Agave, beide im 16. Jahrhundert aus Amerika importiert. Bekrönt wird all das vom Wappen des Eichstätter Fürstbischofs Johann Konrad von Gemmingen.

Links auf dem Portikus ruht die blumengeschmückte Flora mit frisch gepflückten Blumen in der Rechten und einem geflochtenen Blumenkorb mit Blumen im linken Arm, Symbol für üppiges Blühen und Gedeihen. Rechts sitzt Ceres mit einem Ölzweig in der Linken und einem Bienenkorb im rechten Arm. Der Ölzweig gilt als Zeichen der Versöhnung zwischen Gott und dem Menschen und der Zusicherung Gottes nach der Sintflut, daß die Erde wieder Leben hervorbringen und fruchtbar bleiben werde. Der Bienenkorb symbolisiert überströmende Fülle und Segen, erwachsen aus dem Fleiß und der Vor- sorge seiner Bewohner. Blumen- und Bienenkorb sind von Menschenhand geflochten, der Blumenkorb, um sich an blühenden Blumen erfreuen, der Bienenkorb, um dank der Bienen Nutzen aus den Blumen ziehen zu können. Zu Füßen beider Göttinnen hängen Fruchtbüschel.

Das Programm dieses Titelblattes ist erstaunlich: Das Wappen manifestiert Fürstbischof Johann Konrad von Gemmingen, fundierten Kenner der Gartenkultur und mitplanenden Auftraggeber seines be-

Abb. 16
Carolus Clusius
Rariorum plantarum historia, 1601,
Titelseite

Abb. 17
Basilius Besler
Hortus Eystettensis, 1613
Titelseite

rühmten Gartens, als Herrn des Werkes. Raum und Zeit, die exotischen Pflanzen und die in der Botanik bewanderten antiken Könige, ja der alttestamentliche Gott selbst mit seiner Schöpfung verweisen auf den Bischof und seine Schöpfung (Besler, S. II–IV). 1713 hat man das entweder nicht mehr gewagt oder nicht mehr verstanden und das Gemmingen-Wappen durch das des Fürstbistums Eichstätt ersetzt, das Wappen des seinerzeitigen Fürstbischofs aber wesentlich kleiner darunter auf dem Architrav angebracht. Im Titel dagegen übernimmt nun der Fürstbischof als Auftraggeber („curis episcopi") die Stelle des Produzenten Besler („opera Besleri"), der übrigens schon in der Auflage von 1640 nicht mehr genannt worden war.

Der Gobelin mit dem Buchtitel zwischen den salomonischen Säulen erinnert an den Vorhang des Tempels, hinter dem die Bundeslade verborgen war. Der Vorhang kündigt das Pflanzenbuch an, das die Welt der Pflanzen in natürlicher Größe abbildet, so daß man wie im Eichstätter Garten selbst an den Abbildungen ohne viel Aufwand botanische Studien betreiben kann, für die sonst langwierige Reisen erforderlich wären (Besler, S. IV). Geordnet ist der *Hortus Eystettensis* nach den vier Jahreszeiten. Die Widmung an Fürstbischof Gemmingen stammt aus dem Frühjahr 1612, einem Schaltjahr mit 366 Tagen – wahrscheinlich sollte das Werk in diesem Jahr erscheinen. 366 Tafeln mit Pflanzendarstellungen enthält der *Hortus* – wenn man die beiden Tafeln 181–182, die auch nach Ausweis des Registers eine Einheit bilden, als ein Blatt zählt. Wie der auf Anweisung des Eichstätter Fürstbischofs mit großen Mühen errichtete Eichstätter Garten, der Fauna und Flora der Umgebung und der erdgeschichtlichen Frühzeit mit einbezog, umgreift der Prachtband *Hortus Eystettensis* ebenso nach äußerer Einteilung, Zahl der Tafeln und Auswahl der abgebildeten Pflanzen Zeit und Raum. Beide, Garten und Buch, waren ein Abbild des Paradieses.

PLANTARVM
HORTI EYSTÆT//
TENSIS.
Classis Verna.

II. PHILADELPHUS CORONARIUS
Europäischer Pfeifenstrauch oder Sommerjasmin

I. RUSCUS ACULEATUS
Stechender Mäusedorn

III. PHILADELPHUS CORONARIUS
Europäischer Pfeifenstrauch oder Sommerjasmin

II. MAIANTHEMUM BIFOLIUM
Schattenblume

I. CERCIS SILIQUASTRUM
Judasbaum

IIII. CHRYSOSPLENIUM OPPOSITIFOLIUM
Gegenblättriges Milzkraut

III. BOTRYCHIUM LUNARIA
Mondraute

II. LABURNUM ALPINUM
Alpen-Goldregen

I. LABURNUM ANAGYROIDES
Gemeiner Goldregen

III. VINCA MINOR
Kleines Immergrün

V. VINCA MINOR
Kleines Immergrün

I. STAPHYLEA PINNATA
Gemeine Pimpernuß

II. VINCA MINOR
Kleines Immergrün

IIII. VINCA MINOR
Kleines Immergrün

II. LYCHNIS VISCARIA
Pechnelke

I. MALUS SPEC.
Gefüllte Apfel-Blüte

III. CAMPANULA PATULA
Wiesen-Glockenblume

II. CYTISUS SESSILIFOLIUS
Italienischer Geißklee

I. VIBURNUM OPULUS
Gemeiner Schneeball

III. CYTISUS CILIATUS
Balkanischer Zwergginster

II. LIGUSTRUM VULGARE
Gemeiner Liguster oder Gemeine Rainweide

I. DIOSPYROS LOTUS
Dattelpflaume oder Lotuspflaume

V. RIBES RUBRUM
Rote Johannisbeere

III. RIBES NIGRUM
Schwarze Johannisbeere

I. RIBES ALPINUM
Berg- oder Alpen-Johannisbeere

IIII. RIBES RUBRUM
Rote Johannisbeere

II. RIBES RUBRUM
Rote Johannisbeere

III. ERYTHRONIUM DENS-CANIS
Hundszahn

I. LATHRAEA SQUAMARIA
Schuppenwurz

II. ERYTHRONIUM DENS-CANIS
Hundszahn

V. PRIMULA VULGARIS
Schaftlose oder Erd-Schlüsselblume

IIII. PULMONARIA OFFICINALIS
Echtes Lungenkraut

II. PRIMULA AURICULA
Alpen-Aurikel

IIII. CORYDALIS CAVA
Hohler Lerchensporn

I. PRIMULA AURICULA
Alpen-Aurikel

III. PRIMULA AURICULA
Alpen-Aurikel

V. ANEMONE NEMOROSA
Busch-Windröschen

II. TROLLIUS EUROPAEUS
Trollblume

I. RANUNCULUS ACONITIFOLIUS
Eisenhutblättriger Hahnenfuß

III. RANUNCULUS BULBOSUS
Knolliger Hahnenfuß

II. RANUNCULUS SPEC.
Asiatischer Hahnenfuß

III. RANUNCULUS SPEC.
Asiatischer Hahnenfuß

I. RANUNCULUS SPEC.
Asiatischer Hahnenfuß

IIII. RANUNCULUS SPEC.
Asiatischer Hahnenfuß

V. RANUNCULUS SPEC.
Asiatischer Hahnenfuß

II. ANEMONE SPEC.
Anemone

I. ANEMONE SPEC.
Anemone

IIII. ANEMONE PALMATA
Fächerförmige Anemone

III. ANEMONE HORTENSIS
Garten-Anemone

IIII. SCILLA AMOENA
Schöner Blaustern

II. ARUM MACULATUM
Gefleckter Aronstab

I. ARUM MACULATUM
Gefleckter Aronstab

III. BULBOCODIUM VERNUM
Lichtblume

III. CROCUS VERNUS
Frühlings-Krokus

V. HEPATICA NOBILIS
Leberblümchen

I. URGINEA MARITIMA
Meerzwiebel

II. CROCUS VERNUS
Frühlings-Krokus

IIII. HEPATICA NOBILIS
Leberblümchen

III. HYACINTHUS ORIENTALIS
Blau-weiße Hyazinthe

I. ORNITHOGALUM UMBELLATUM
Doldenblütiger Milchstern oder Stern von Bethlehem

II. HYACINTHUS ORIENTALIS
Braun-rote Hyazinthe

III. DACTYLORHIZA MAJALIS
Breitblättriges Knabenkraut

I. SCILLA PERUVIANA
Peru-Blaustern

II. ORCHIS TRIDENTATA
Dreizähniges Knabenkraut

III. MUSCARI MOSCHATUM
Moschus-Traubenhyazinthe

I. MUSCARI NEGLECTUM
Übersehene Traubenhyazinthe

II. MUSCARI MOSCHATUM
Moschus-Traubenhyazinthe

II. HYACINTHOIDES NON-SCRIPTA
Hasenglöckchen

III. DACTYLORHIZA MACULATA
Geflecktes Knabenkraut

I. MUSCARI COMOSUM
Schopf-Traubenhyazinthe

IIII. CALLA PALUSTRIS
Sumpf-Kalla oder Schlangenwurz

II. NARCISSUS PSEUDONARCISSUS
Berg-Narzisse

III. BULBOCODIUM VERNUM
Lichtblume

I. NARCISSUS PSEUDONARCISSUS
Trompeten-Narzisse oder Osterglocke

IIII. MUSCARI BOTRYOIDES
Straußhyazinthe oder Bisamhyazinthe

V. MUSCARI BOTRYOIDES
Straußhyazinthe oder Bisamhyazinthe

III. NARCISSUS PSEUDONARCISSUS
Trompeten-Narzisse oder Osterglocke

I. NARCISSUS × INCOMPARABILIS
Narzisse

II. NARCISSUS × INCOMPARABILIS
Narzisse

III. NARCISSUS PSEUDONARCISSUS
Trompeten-Narzisse oder Osterglocke

I. FRITILLARIA MELEAGRIS
Schachbrettblume

II. NARCISSUS JONQUILLA
Binsenblättrige Narzisse

II. NARCISSUS AUREUS
Goldgelbe Narzisse

I. NARCISSUS TAZETTA
Vielblütige Narzisse

III. NARCISSUS SPEC.
Weiß-blaue Narzisse

II. ANTENNARIA DIOICA
Gemeines Katzenpfötchen

I. PANCRATIUM ILLYRICUM
Pankrazlilie

III. ANTENNARIA DIOICA
Gemeines Katzenpfötchen

V. TULIPA SPEC.
Gesner-Tulpe, mit gelber Basis

IIII. TULIPA SPEC.
Wilde Tulpe, grün

III. TULIPA SPEC.
Gelb geflammte Tulpe

II. TULIPA SPEC.
Frühe, purpurrote Tulpe mit großen gelben Blütenblättern

I. TULIPA SPEC.
Späte, weiße Tulpe, rot gerandet, gezähnt

V. TULIPA SPEC.
Gesner-Tulpe, mit gelber Basis

IIII. TULIPA SPEC.
Rosa Tulpe, fein gelb genervt

III. TULIPA SPEC.
Frühe, weiße Tulpe, purpurn gestreift

II. TULIPA SPEC.
Frühe, weiße Tulpe, innen gelb

I. TULIPA SPEC.
Frühe, gelbe Tulpe, purpurn gefleckt

II. TULIPA SPEC.
Tulpe mit gelben, getupften Blütenblättern

I. TULIPA SPEC.
Späte Tulpe mit großer roter Blüte

III. TULIPA SPEC.
Weiße, botanische Tulpe,
Blüte geschlossen

I. TULIPA SPEC.
Mehrblütige, rote Tulpe

II. TULIPA SPEC.
Weiße, botanische Tulpe,
Blüte geöffnet

FRITILLARIA IMPERIALIS
Vielblütige Kaiserkrone

FRITILLARIA IMPERIALIS

Kaiserkrone mit doppelter Krone

II. VIOLA ELATIOR
Hohes Veilchen

I. LILIUM BULBIFERUM
Feuer-Lilie

III. VIOLA ELATIOR
Hohes Veilchen

II. LILIUM BULBIFERUM SSP. BULBIFERUM
Bulbillentragende Feuer-Lilie mit Zwiebel

I. LILIUM BULBIFERUM SSP. BULBIFERUM
Bulbillentragende Feuer-Lilie mit Zwiebel

III. BLACKSTONIA SEROTINA
Spätblühender Bitterling

III. CENTAURIUM ERYTHRAEA
Echtes Tausendgüldenkraut

I. LILIUM BULBIFERUM
Monströse Form der Feuer-Lilie

II. CENTAURIUM ERYTHRAEA
Echtes Tausendgüldenkraut

II. VERONICA LONGIFOLIA
Langblättriger Ehrenpreis

I. LILIUM CANDIDUM
Weiße Lilie, Madonnen-Lilie mit Zwiebel

III. LILIUM CANDIDUM
Weiße Lilie, Madonnen-Lilie mit Zwiebel

II. OXALIS ACETOSELLA
Wald-Sauerklee

I. ROSA SPEC.
Weiß blühende Rose

III. OXALIS CORNICULATA
Hornsauerklee

IIII. ROSA HEMISPHAERICA
Gelbe Türkische Rose

III. ROSA GALLICA OFFICINALIS
Rosa Essig-Rose

I. ROSA CENTIFOLIA
Hundertblättrige Rose

II. ROSA GALLICA OFFICINALIS-VERSICOLOR
Panaschierte, rote Essig-Rose

IIII. ROSA SPEC.
Duftende, weiße Rose

III. ROSA GALLICA
Rote Essig-Rose

II. ROSA × ALBA
Weiße Rose mit einfachen Blüten

I. ROSA × ALBA
Weiße Rose mit gefüllten Blüten

IIII. ROSA SPINOSISSIMA
Hellgelbe Pimpinell-Rose

II. ROSA MAJALIS
Rosa Mai-Rose oder Zimt-Rose mit gefüllten Blüten

III. ROSA PENDULINA
Rote Alpen-Hecken-Rose

I. ROSA FOETIDA
Gelbe Rose oder Fuchs-Rose

II. SEMPERVIVUM MONTANUM
Berg-Hauswurz

I. PAEONIA OFFICINALIS
Gefüllte Garten-Pfingstrose

II. ASARUM EUROPAEUM
Haselwurz

I. PAEONIA OFFICINALIS
Einfache Garten-Pfingstrose

II. MONESES UNIFLORA
Moosauge

I. PAEONIA MASCULA
Großblättrige Pfingstrose

III. POLYGALA CHAMAEBUXUS
Buchsbaumblättrige Kreuzblume, Zwergbuchs

V. BORAGO OFFICINALIS
Borretsch

I. PAEONIA PEREGRINA
Wandernde Pfingstrose

IIII. BORAGO OFFICINALIS
Borretsch

II. PAEONIA PEREGRINA
Wandernde Pfingstrose

III. PAEONIA PEREGRINA
Wandernde Pfingstrose

II. ANTHERICUM RAMOSUM
Ästige Graslilie

I. LEGOUSIA SPECULUM-VENERIS
Frauenspiegel oder Venusspiegel

III. MENYANTHES TRIFOLIATA
Fieber- oder Bitterklee

II. NYMPHAEA ALBA
Weiße Seerose

III. NUPHAR LUTEA
Mummel, Seekandel oder Gelbe Teichrose

I. NYMPHAEA ALBA
Weiße Seerose

III. GENTIANA VERNA
Frühlings-Enzian

I. CALTHA PALUSTRIS
Sumpf-Dotterblume

II. VIOLA CANINA
Hunds-Veilchen

III. FRAGARIA SPEC.
Kleinfrüchtige Erdbeere

I. FRAGARIA SPEC.
Großfrüchtige Erdbeere

II. FRAGARIA SPEC.
Weißfrüchtige Erdbeere

IIII. IRIS PUMILA
Blaublütige Zwerg-Schwertlilie

I. IRIS PUMILA
Zwerg-Schwertlilie mit panaschierter Blüte

III. IRIS PUMILA
Hellgelbe Zwerg-Schwertlilie

II. IRIS PUMILA
Schwarz-rote Zwerg-Schwertlilie

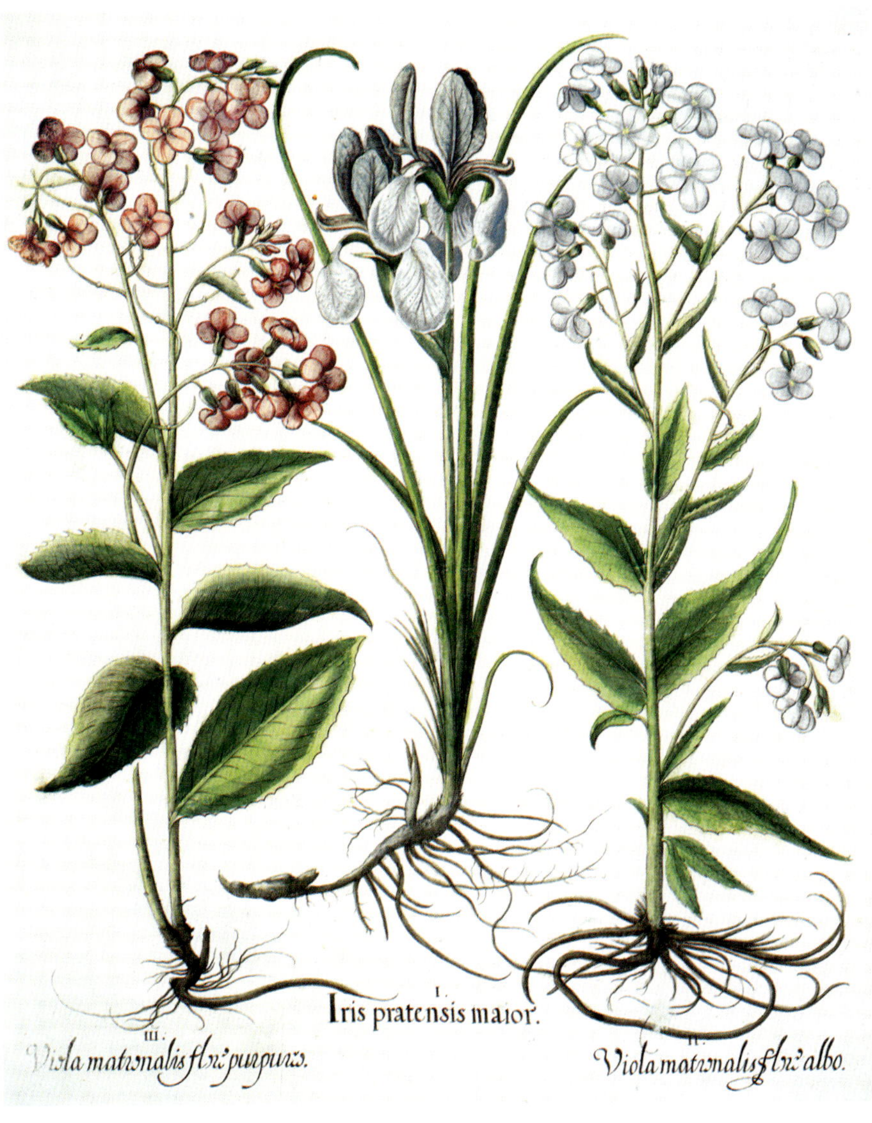

III. HESPERIS MATRONALIS
Nachtviole

I. IRIS SIBIRICA
Sibirische Schwertlilie

II. HESPERIS MATRONALIS
Nachtviole

II. IRIS FLORENTINA
Florentiner Schwertlilie

I. IRIS SPEC.
Witwen-Schwertlilie

III. IRIS PALLIDA
Blasse Schwertlilie

III. IRIS SPEC.
Schwertlilie mit panaschierten dunklen Blüten

I. CYPRIPEDIUM CALCEOLUS
Frauenschuh

II. IRIS SPEC.
Schwertlilie mit panaschierten Blüten

II. IRIS VARIEGATA
Bunte Schwertlilie

I. IRIS PALLIDA
Blasse Schwertlilie

III. IRIS PSEUDOACORUS
Wasser-Schwertlilie

III. TEUCRIUM CHAMAEDRYS
Edel-Gamander,
Echter Gamander

I. ACORUS CALAMUS
Kalmus

II. TEUCRIUM SCORDIUM
Lauch- oder Wasser-Gamander

I. MANDRAGORA AUTUMNALIS
Alraune

II. RANUNCULUS FICARIA
Scharbockskraut

IIII. BUTOMUS UMBELLATUS
Blumenbinse oder Schwanenblume

I. VINCA MAJOR
Großes Immergrün

II. LONICERA CAPRIFOLIUM
Echtes Geißblatt, Je-länger-je-lieber

III. LONICERA PERICLYMENUM
Deutsches oder Wald-Geißblatt

II. SALVIA PRATENSIS
Blauer Wiesen-Salbei

I. POLYGONUM BISTORTA
Wiesen-Knöterich oder Schlangen-Knöterich

III. SALVIA PRATENSIS
Weißer Wiesen-Salbei

II. CEPHALANTHERA DAMASONIUM
Bleiches Waldvögelein

I. DICTAMNUS ALBUS
Diptam

III. HEMEROCALLIS LILIOASPHODELUS
Gelbe Taglilie

II. CONVALLARIA MAJALIS
Blau-weißes blühendes Maiglöckchen

I. PARADISEA LILIASTRUM
Trichterlilie

III. CONVALLARIA MAJALIS
Rosa blühendes Maiglöckchen

II. ORCHIS USTULATA
Brand-Knabenkraut

I. ASPHODELUS RAMOSUS
Verzweigter Affodill

III. FUMARIA SPICATA
Ähriger Erdrauch

II. SENECIO DORIA
Fettblättriges Kreuzkraut oder Greiskraut

I. HEMEROCALLIS FULVA
Rot-gelbe Taglilie

I. ASPARAGUS OFFICINALIS
Spargel mit Blüten und Früchten

II. ASPARAGUS OFFICINALIS
Spargelsprosse

PLANTARVM
HORTI EYSTÆT
TENSIS.
Classis Æstiva.

I. NERIUM OLEANDER
Rosenlorbeer, Echter Oleander

II. NERIUM OLEANDER
Rosenlorbeer, Echter Oleander, fruchtend

II. CITRUS MEDICA
Zitronat-Zitrone

I. CITRUS AURANTIUM
Pomeranze

III. CITRUS SINENSIS
Orange

II. PLANTAGO MAJOR
Breit-Wegerich

I. PUNICA GRANATUM
Blühender Granatapfelbaum

III. PLANTAGO MAJOR
Breit-Wegerich

II. PRUNUS CERASIFERA
Kirschpflaume

I. PUNICA GRANATUM
Blühender Granatapfelbaum mit Früchten

III. PRUNUS ARMENIACA
Aprikose, Marille

I. HIBISCUS SYRIACUS
Weiß blühender Rosen-Eibisch

III. DIGITALIS GRANDIFLORA
Großblütiger Fingerhut

I. PARIS QUADRIFOLIA
Einbeere

II. DIGITALIS PURPUREA
Roter Fingerhut

II. DIGITALIS PURPUREA
Roter Fingerhut

III. HIERACIUM AURANTIACUM
Orangerotes Habichtskraut

I. DIGITALIS PURPUREA
Weiß blühender Fingerhut

III. CAMPANULA MEDIUM
Blaublütige Marien-Glockenblume

I. CENTRANTHUS RUBER
Rote Spornblume

II. CAMPANULA MEDIUM
Weißblütige Marien-Glockenblume

II. SILENE VULGARIS
Gemeines Leimkraut

I. CAMPANULA MEDIUM
Marien-Glockenblume

III. SILENE NUTANS
Nickendes Leimkraut

I. DELPHINIUM ELATUM
Hoher Rittersporn

II. ACONITUM VULPARIA
Gelber Eisenhut

II. TRAGOPOGON DUBIUS
Großer Bocksbart

I. LINUM PERENNE
Alpen-Lein

III. TRAGOPOGON PORRIFOLIUS
Haferwurzel

II. MATTHIOLA INCANA
Levkoje

I. MATTHIOLA INCANA
Rote, gefüllte Levkoje

III. MATTHIOLA INCANA
Levkoje

II. MATTHIOLA INCANA
Weiße, einfache Levkoje

I. MATTHIOLA INCANA
Gefüllte Levkoje

III. MATTHIOLA INCANA
Purpurfarbige, einfache Levkoje

II. CHEIRANTHUS CHEIRI
Gefüllter Goldlack

I. MATTHIOLA INCANA
Weiße, gefüllte Levkoje

III. CHEIRANTHUS CHEIRI
Gefüllter Goldlack

II. CHEIRANTHUS CHEIRI
Einfacher Goldlack

I. CHEIRANTHUS CHEIRI
„Eichstätter Goldlack"

III. CHEIRANTHUS CHEIRI
Einfacher Goldlack

III. AQUILEGIA VULGARIS
Gefüllte, blaue Akelei

I. AQUILEGIA VULGARIS
Sternförmige, gefüllte, tiefviolette Akelei

II. AQUILEGIA VULGARIS
Gefüllte, weiße Akelei

III. NIGELLA DAMASCENA
Damaszener Schwarzkümmel,
Braut in Haaren
oder Jungfer im Grünen

I. NIGELLA HISPANICA
Spanischer Schwarzkümmel

II. NIGELLA DAMASCENA
Damaszener Schwarzkümmel,
Braut in Haaren
oder Jungfer im Grünen

II. CONSOLIDA AJACIS
Gefüllter, tiefblauer Gartenrittersporn

I. CONSOLIDA REGALIS
Gefüllter, rosa blühender Feldrittersporn

III. CONSOLIDA AJACIS
Gefüllter, purpurfarbener Gartenrittersporn

II. ERYSIMUM SPEC.
Schotendotter oder Schöterich

I. MATTHIOLA INCANA
Levkoje

III. MATTHIOLA INCANA
Levkoje

I. LILIUM MARTAGON
Blütenstand der Türkenbund-Lilie

II. DIANTHUS SPEC.
Nelke

I. LILIUM MARTAGON
Zwiebel und unteres Ende des Stengels der Türkenbund-Lilie

III. DIANTHUS SPEC.
Garten-Nelke

II. IRIS XIPHIUM
Spanische Schwertlilie

I. LILIUM POMPONIUM
Turban-Lilie

III. IRIS SIBIRICA
Sibirische Schwertlilie

II. LILIUM MARTAGON
Türkenbund-Lilie

I. LILIUM MARTAGON
Türkenbund-Lilie

III. LILIUM PYRENAICUM
Gepunktete Pyrenäen-Lilie

I. GYNANDRIRIS SISYRINCHIUM
Kleine Schwertlilie

II. LILIUM PYRENAICUM
Pyrenäen-Lilie

III. CROCUS SPEC.
Alpen-Krokus

IIII. CROCUS SATIVUS
Echter Safran

I. IRIS XIPHIUM
Spanische Schwertlilie

II. LILIUM CHALCEDONICUM
Scharlach-Lilie

I. DRACUNCULUS VULGARIS

Gemeines Schlangenkraut oder Drachenwurz mit Rhizom

IIII. CORALLORHIZA TRIFIDA
Korallenwurz

III. NEOTTIA NIDUS-AVIS
Nestwurz

I. ORCHIS PURPUREA
Purpur-Knabenkraut

II. ORCHIS CORIOPHORA
Wanzen-Knabenkraut

II. GLADIOLUS PALUSTRIS
Sumpf-Siegwurz

IIII. GLADIOLUS COMMUNIS
Garten-Siegwurz, Gladiole mit violetten Blüten

I. IRIS XIPHIOIDES
Englische Zwiebel-Schwertlilie

III. GLADIOLUS COMMUNIS
Dunkelblütige Garten-Siegwurz, Gladiole

III. IRIS XIPHIUM
Bunte Spanische Schwertlilie

I. ALLIUM AMPELOPRASUM
Porree, Sommer-Lauch

II. IRIS XIPHIUM
Bunte Spanische Schwertlilie

I. HELIANTHUS ANNUUS
Gemeine oder Einjährige Sonnenblume

I. HELIANTHUS × MULTIFLORUS
Vielblütige Sonnenblume

II. ANACYCLUS PYRETHRUM
Römischer Bertram

I. SAXIFRAGA COTYLEDON
Strauß-Steinbrech

III. ADONIS FLAMMEA
Flammendes Adonisröschen

I. PYROLA MINOR
Kleines Wintergrün

II. ADONIS ANNUA
Herbst-Adonisröschen,
Herbst-Blutströpfchen

III. SALSOLA KALI
Kali-Salzkraut, Salzkraut

I. HIBISCUS SABDARIFFA
Sudanmalve oder Rosellahanf

II. CAMPANULA LATIFOLIA
Breitblättrige Glockenblume

I. LAVATERA ARBOREA
Große Strauchpappel

II. ALCEA ROSEA
Weiß blühende Stockrose mit gefüllten Blüten

I. ALCEA ROSEA
Rosafarbene Stockrose mit gefüllten Blüten

II. DRACOCEPHALUM MOLDAVICA
Türkischer Drachenkopf

I. MOLUCCELLA LAEVIS
Muschelblume

III. IBERIS UMBELLATA
Doldige Schleifenblume

I. TEUCRIUM SCORODONIA
Salbei-Gamander,
Wald-Gamander

II. IBERIS UMBELLATA
Doldige Schleifenblume

II. DENTARIA BULBIFERA
Zwiebeltragende Zahnwurz

I. HELICHRYSUM ORIENTALE
Gelb blühende Strohblume

III. SILENE NOCTIFLORA
Nacht-Leimkraut

I. VERATRUM ALBUM
Weißer Germer

II. VERATRUM NIGRUM
Schwarzer Germer

II. HYPERICUM HIRCINUM
Bocks-Johanniskraut

I. HYPERICUM ANDROSAEMUM
Mannsblut

III. HYPERICUM MACULATUM
Kanten-Hartheu, Johanniskraut

III. PARNASSIA PALUSTRIS
Sumpf-Herzblatt

I. RICINUS COMMUNIS
Rizinus, Wunderbaum

II. GENTIANA PNEUMONANTHE
Lungen-Enzian

II. LYCOPODIUM CLAVATUM
Bärlapp

I. RICINUS COMMUNIS
Fruchtender Rizinus

II. ARUNCUS DIOICUS
Geißbart

I. SCORZONERA HISPANICA
Schwarzwurzel

II. SCABIOSA STELLATA
Stern-Skabiose

I. CEPHALARIA ALPINA
Alpenskabiose,
Alpen-Schuppenkopf

III. KNAUTIA ARVENSIS
Ackerskabiose, Witwenblume

II. SCABIOSA ATROPURPUREA
Purpur-Skabiose

I. SCABIOSA ATROPURPUREA
Purpur-Skabiose
mit gefüllten Blüten

III. SCABIOSA COLUMBARIA
Tauben-Skabiose

II. POLEMONIUM CAERULEUM
Himmelsleiter oder Jakobsleiter mit weißen Blüten

I. VALERIANA PHU
Großer Baldrian

III. POLEMONIUM CAERULEUM
Himmelsleiter oder Jakobsleiter mit malvenfarbenen Blüten

II. ONONIS NATRIX
Gelbe Hauhechel

I. ZYGOPHYLLUM FABAGO
Falscher Kapernstrauch

II. VERBASCUM BLATTARIA
Schaben- oder Mottenkraut

I. VERBASCUM BLATTARIA
Schaben- oder Mottenkraut

III. VERBASCUM NIGRUM
Schwarze Königskerze

II. GALEGA OFFICINALIS
Geißraute

I. MELILOTUS OFFICINALIS
Honigklee oder Steinklee

III. GALEGA OFFICINALIS
Geißraute

II. JASMINUM ODORATISSIMUM
ODER JASMINUM FRUTICANS
Gelb blühender Jasmin

III. ACANTHUS MOLLIS
Akanthus

I. JASMINUM GRANDIFLORUM
ODER JASMINUM OFFICINALE
Weiß blühender Jasmin

III. CHAMAEMELUM NOBILE
Römische Kamille
mit gefüllten Blüten

I. CARTHAMUS TINCTORIUS
Färberdistel, Saflor

II. CHAMAEMELUM NOBILE
Römische Kamille

I. CYNARA CARDUNCULUS

Gemüse-Artischocke oder Kardone

II. HIERACIUM INULOIDES ODER HIERACIUM VULGATUM
Glattes Habichtskraut

I. ECBALLIUM ELATERIUM
Eselsgurke, Spritzgurke

III. ROSMARINUS OFFICINALIS
Rosmarin

III. VIOLA TRICOLOR
Wildes Stiefmütterchen

I. GLAUCIUM FLAVUM
Gelber Hornmohn

II. VIOLA TRICOLOR
Wildes Stiefmütterchen

I. PAPAVER SOMNIFERUM
Schlafmohn mit gefüllten Blüten

II. PAPAVER RHOEAS
Klatschmohn

II. PAPAVER SOMNIFERUM
Schlafmohn
mit zweifarbigen Blüten

I. TORDYLIUM APULUM ODER
TORDYLIUM OFFICINALE
Zirmet

III. PAPAVER SOMNIFERUM
Schlafmohn
mit zweifarbigen Blüten

II. PAPAVER SOMNIFERUM
Schlafmohn mit gefüllter Blüte

I. PAPAVER SOMNIFERUM
Schlafmohn mit gefüllter Blüte

III. PAPAVER SOMNIFERUM
Schlafmohn mit gefüllter Blüte

III. BELLIS SPEC.
Gänseblümchen, Maßliebchen oder Tausendschön

I. TROPAEOLUM MINUS
Kleine Kapuzinerkresse

II. BELLIS SPEC.
Gänseblümchen, Maßliebchen oder Tausendschön

VI. PISUM SATIVUM
Erbse

I. SEMPERVIVUM TECTORUM
Dach-Hauswurz

V. LATHYRUS TUBEROSUS
Knollen-Platterbse

II. SEDUM PILOSUM
Behaarte Fetthenne

IIII. SEDUM SEXANGULARE
Milder Mauerpfeffer

III. SEDUM ACRE
Scharfer Mauerpfeffer

II. PHARBITIS PURPUREA
Purpur-Trichterwinde

I. CAMPANULA ROTUNDIFOLIA
Rundblättrige Glockenblume

III. PHARBITIS NIL
Trichterwinde

II. TAGETES PATULA
Studentenblume

I. TAGETES ERECTA
Samtblume

III. TAGETES PATULA
Studentenblume

II. DIANTHUS PLUMARIUS
Feder-Nelke

I. DIANTHUS CARYOPHYLLUS
Garten-Nelke

III. DIANTHUS CARYOPHYLLUS
Garten-Nelke

II. LAVANDULA SPEC.
Lavendel

I. DIANTHUS CARYOPHYLLUS
Garten-Nelke

III. LAVANDULA SPEC.
Lavendel

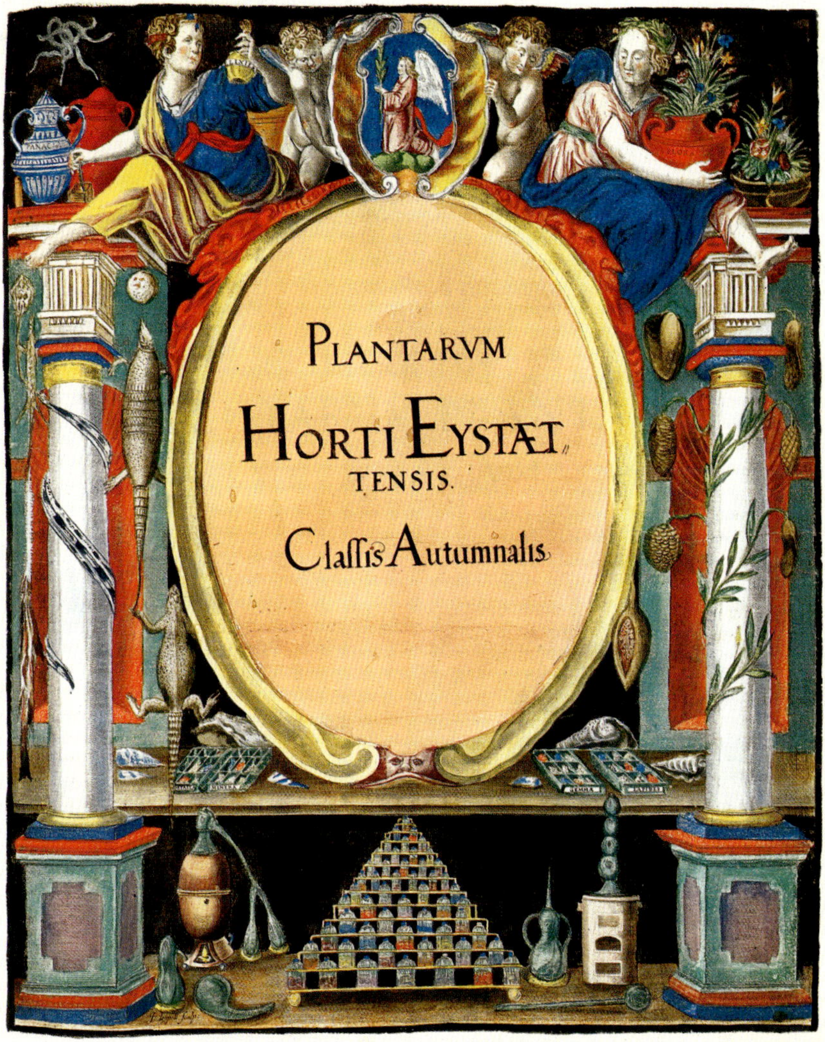
PLANTARVM
HORTI EYSTÆT
TENSIS.
Classis Autumnalis

II. CUCUMIS MELO
Zucker-Melone

I. LYCOPERSICON SPEC.
Tomate mit orangefarbenen Früchten

III. CITRULLUS LANATUS
Wasser-Melone

I. LYCOPERSICON ESCULENTUM
Rotfrüchtige Tomate

III. MOMORDICA BALSAMINA
Rotfrüchtiger Balsamapfel

I. IMPATIENS BALSAMINA
Garten-Springkraut, Balsamine

II. MOMORDICA BALSAMINA
Orangefrüchtiger Balsamapfel

I. CAPSICUM SPEC.
Paprika

I. CANNA INDICA

Canna, Blumenrohr mit roten Blüten

II. GENTIANELLA CILIATA
Fransen-Enzian

I. MIRABILIS JALAPA
Wunderblume

III. GENTIANA GERMANICA
Deutscher Enzian

I. MIRABILIS JALAPA
Wunderblume

II. ORIGANUM VULGARE
Dost oder Oregano

I. INULA HELENIUM
Echter Alant

III. ORIGANUM VULGARE
Dost oder Oregano

I. AMARANTHUS TRICOLOR
Dreifarbiger Amarant

II. CREPIS TECTORUM
Dach- oder Mauer-Pippau

I. AMARANTHUS PANICULATUS
Blut-Amarant oder Fuchsschwanz

III. SILENE OTITES
Ohrlöffel-Lichtnelke

III. ARUM MACULATUM
Fruchtstand des Aronstabs

I. DATURA METEL
Stechapfel

II. HALIMIONE PORTULACOIDES
Strand-Salzmelde

I. SORGHUM BICOLOR
Mohrenhirse, Kaffernkorn

II. SORGHUM BICOLOR
Mohrenhirse, Kaffernkorn

II. THYMUS PULEGIOIDES
Wilder Thymian, Quendel

I. SOLANUM TUBEROSUM
Kartoffel

III. THYMUS VULGARIS
Garten-Thymian

II. LAGENARIA SPEC.
Flaschenkürbis

I. COLOCASIA ESCULENTA
Ägyptischer Aron, Taro

III. CUCURBITA PEPO
Garten-Kürbis

III. LAVANDULA LATIFOLIA
Großer Speik

I. CYCLAMEN HEDERIFOLIUM
Efeublättriges Alpenveilchen

II. LAVANDULA LATIFOLIA
Großer Speik

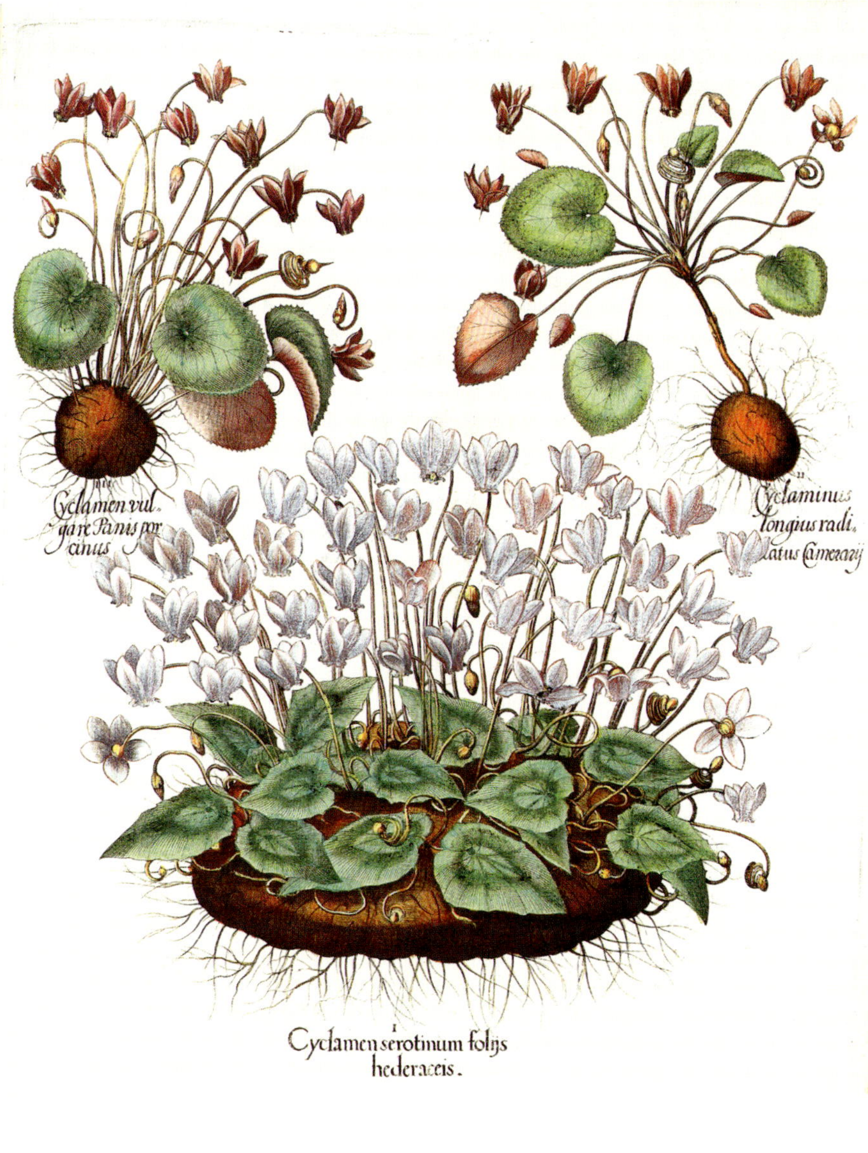

III. CYCLAMEN PURPURASCENS
Wildes oder Europäisches Alpenveilchen

I. CYCLAMEN HEDERIFOLIUM
Efeublättriges Alpenveilchen

II. CYCLAMEN PURPURASCENS
Wildes oder Europäisches Alpenveilchen

VI. STERNBERGIA LUTEA
Herbst-Goldbecher

V. COLCHICUM AUTUMNALE
Gefüllte Herbstzeitlose

IIII. COLCHICUM AUTUMNALE
Weiß blühende Herbstzeitlose

II. SCILLA AUTUMNALIS
Herbst-Blaustern

I. STERNBERGIA LUTEA
Herbst-Goldbecher

III. CROCUS SATIVUS
Echter Safran

III. COLCHICUM SPEC.
Belaubte, zweifarbige Herbstzeitlose

I. AEONIUM ARBOREUM
Baumartige Kanarische Hauswurz

II. COLCHICUM SPEC.
Herbstzeitlose mit gestreiften Blütenblättern

II. ANASTATICA HIEROCHUNTICA
Rose von Jericho (geöffnet)

I. MELOCACTUS INTORTUS
Schwiegermutterstuhl

III. ANASTATICA HIEROCHUNTICA
Rose von Jericho (geschlossen)

I. ALOË VERA
Aloe

I. CYNARA SCOLYMUS

Italienische Artischocke

II. CYNARA SCOLYMUS
Artischockenkopf

I. CYNARA SCOLYMUS
Artischockenkopf

III. CYNARA SCOLYMUS
Artischockenkopf

I. OPUNTIA FICUS-INDICA
Feigenkaktus

I.–III. OPUNTIA FICUS-INDICA
Blattglied und Früchte des Feigenkaktus

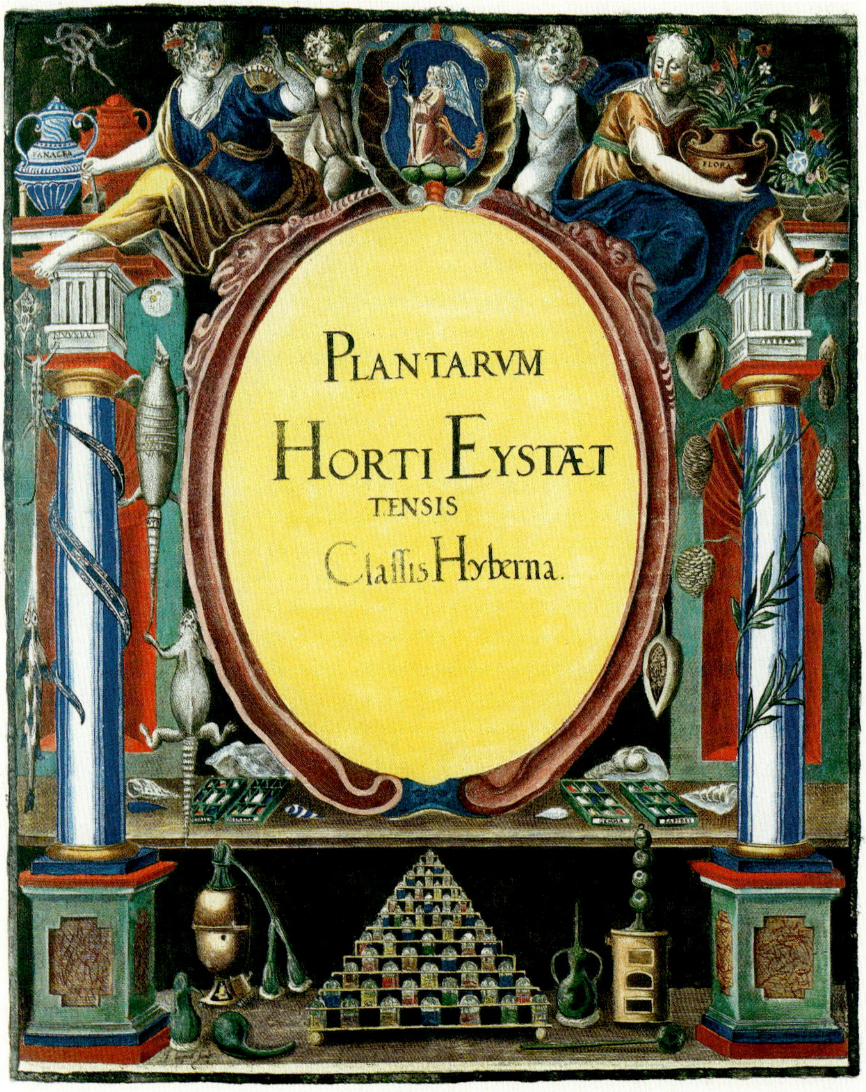
PLANTARVM
HORTI EYSTÆT
TENSIS
Classis Hyberna.
FLORA

III. GALANTHUS NIVALIS
Schneeglöckchen

I. HELLEBORUS NIGER
Christrose, Schwarze Nieswurz

II. GALANTHUS NIVALIS
Schneeglöckchen

V. LEUCOJUM VERNUM
Märzenbecher

IIII. LEUCOJUM VERNUM
Märzenbecher

III. PETASITES ALBUS
Weiße Pestwurz

II. ERANTHIS HYEMALIS
Winterling

I. PETASITES HYBRIDUS
Gemeine Pestwurz

III. PULSATILLA VERNALIS
Frühlings-Kuhschelle

V. CHRYSOSPLENIUM ALTERNIFOLIUM
Wechselblättriges Milzkraut

I. TUSSILAGO FARFARA
Huflattich

II. PULSATILLA VULGARIS
Kuhschelle, Küchenschelle

IIII. ANEMONE NEMOROSA
Busch-Windröschen

Register der modernen botanischen und deutschen Pflanzennamen

A

Acanthus mollis 143 / III
Ackerskabiose 137 / III
Aconitum vulparia 102 / II
Acorus calamus 83 / I
Adonis
– *annua* 125 / II
– *flammaea* 125 / III
Adonisröschen 125 / II, III
– Flammendes 125, III
Aeonium arboreum 175 / I
Affodill, Verzweigter 89 / I
Akanthus 143 / III
Akelei, Gemeine 108 / I-III
Alant, Echter 165 / I
Alcea rosea 128 / I, II
Allium ampeloprasum 121 / I
Aloë vera 177 / I
Alpen-
– Aurikel 41 / I-III
– Goldregen 34 / II
– Heckenrose, Rote 69 / III
– Johannisbeere 39 / I
– Krokus 117 / III
– Lein 103 / I
– Schuppenkopf 137 / I
Alpenskabiose 137 / I
Alpenveilchen,
– Efeublättriges 172, 173 / I
– Europäisches 173 / II, III
– Wildes 173 / II, III
Alraune 84 / I
Amarant, Dreifarbiger 166 / I
Amaranthus
– *paniculatus* 167 / I
– *tricolor* 166 / I
Anacyclus pyrethrum 124 / II
Anastatica hierochuntica 176 / II, III
Anemone 44 / I, II
– *hortensis* 44 / III
– *nemorosa* 41 / V; 185 / IIII
– *palmata* 44 / IIII
– *spec.* 44 / I, II
Anemone, Fächerförmige 44 / IIII
Antennaria dioica 55 / II, III
Anthericum ramosum 74/ II
Apfel-Blüte, gefüllte 36 / I
Aprikose 96 / III
Aquilegia vulgaris 108 / I-III
Aron, Ägyptischer 171 / I
Aronstab, Gefleckter 45 / I, II; 168 / III
Artischocke 178 / I; 179 / I-III
Arum maculatum 45 / I, II; 49 / III
Aruncus dioicus 136 / II
Asarum europaeum 71 / II
Asparagus officinalis 91 / I, II
Asphodelus ramosus 89 / I

B

Baldrian, Großer 139 / I
Bärlapp 135 / II
Bellis spec. 151 / II, III
Berg-
– Hauswurz 70 / II
– Johannisbeere 39 / I
– Narzisse 51 / II
Bertram, Römischer 124 / II
Bisamhyazinthe 51 / IIII, V
Bitterklee 74 / III
Bitterling, Später 63 / III
Blackstonia serotina 63 / III
Blaustern, Schöner 45 / IIII
Blumenbinse 85 / IIII
Blumenrohr 162 / I
Blut-Amarant 167 / I
Bocksbart, Großer 103 / II
Bocks-Johanniskraut 133 / II
Borago officinalis 73 / IIII, V
Borretsch 73 / IIII, V
Botrychium lunaria 33 / III
Brand-Knabenkraut 85 / II
Braut in Haaren 109 / II, III
Breit-Wegerich 95 / II, III
Bulbocodium vernum 45 / III; 51 / III
Busch-Windröschen 41 / V; 185 / IIII
Butomus umbellatus 85 / IIII

C

Calla palustris 50 / IIII
Caltha palustris 76 / I
Campanula
– *latifolia* 126 / II
– *medium* 100 / II, III; 101 / I
– *patula* 36 / III
– *rotundifolia* 153 / I
Canna 162 / I
– *indica* 162 / I
Capsicum spec. 161 / I
Carthamus tinctorius 144 / I
Centaurium erythraea 64 / II, III
Centranthus ruber 100 / I
Cephalanthera damasonium 87 / II
Cephalaria alpina 137 / I
Cercis siliquastrum 33 / I
Chamaecytisus siehe *Cytisus*
Chamaemelum nobile 144 / II, III
Cheiranthus cheiri 106 / II, III; 107 / I-III
Christrose 183 / I
Chrysosplenium alternifolium 185 / V
Chrysosplenium oppositifolium 33 / IIII
Citrullus lanatus 158 / III
Citrus
– *aurantium* 94 / I
– *medica* 94 / II
– *sinensis* 94 / III
Colchicum
– *autumnale* 174 / IIII, V
– *spec.* 175 / II, III
Colocasia esculenta 171 / I

Consolida
– *ajacis* 108 / II, III
– *regalis* 108 / I
Convallaria majalis 88 / II, III
Corallorhiza trifida 117 / IIII
Corydalis cava 41 / IIII
Crepis tectorum 167 / II
Crocus
– *sativus* 117 / IIII; 174/ III
– *spec.* 117 / III
– *vernus* 46 / II, III
Cucumis melo 158 / II
Cucurbita pepo 171 / III
Cyclamen
– *hederifolium* 172, 173 / I
– *purpurascens* 173 / II, III
Cynara
– *cardunculus* 145 / I
– *scolymus* 178 / I; 179 / I-III
Cypripedium calceolus 81 / I
Cytisus
– *ciliatus* 37 / III
– *sessilifolius* 37 / II

D
Dach-Hauswurz 152 / I
Dach-Pippau 167 / II
Dactylorhiza
– *maculata* 50 / III
– *majalis* 48 / III
Dattelpflaume 38 / I
Datura metel 168 / I
Delphinium elatum 102 / I
Dentaria bulbifera 131 / II
Dianthus
– *caryophyllus* 155 / I, III; 156 / I
– *plumarius* 155 / II
– *spec.* 113 / II, III
Dictamnus albus 87 / I
Digitalis
– *grandiflora* 98 / I
– *purpurea* 98 / II; 99 /I, II
Diospyros lotus 38 / I
Diptam 87 / I
Dost 165 / II, III
Drachenkopf, Türkischer 129 / II
Drachenwurz 118 / I
Dracocephalum moldavica 129 / II
Dracunculus vulgaris 118/ I

E
Ecballium elaterium 146 / I
Edel-Gamander 83 / III
Ehrenpreis, Langblättriger 65 / II
Einbeere 98 / I
Eisenhut 102 / II
Enzian, Deutscher 163 / III
Eranthis hyemalis 184 / II
Erbse 152 / VI
Erdbeere 77 / I-III
Erdrauch, Ähriger 89 / III
Erd-Schlüsselblume 40 / V
Erysimum spec. 111 / II
Erythronium dens-canis 40 / II, III
Eselsgurke 146 / I
Essig-Rose 67 / II, III; 68 / III

F
Färberdistel 144 / I
Feder-Nelke 155 / II
Feigenkaktus 180 / I; 181 / I-III
Feld-Rittersporn 110 / I
Fetthenne, Behaarte 152 / II
Feuer-Lilie, 62, 64 / I
– Bulbillentragende 63 / I, II
Fieberklee 74 / III
Fingerhut,
– Großblütiger 98 / III
– Roter 98, 99 / II
– Weiß blühender Roter 99 / I
Flaschenkürbis 171 / II
Fluß-Kreuzkraut 105 / I
Fragaria spec. 77 / I-III
Fransen-Enzian 163 / II
Frauenschuh 81 / I
Frauenspiegel 74 / I
Fritillaria
– *imperialis* 60, 61
– *meleagris* 53 / I
Frühlings-
– Enzian 76 / III
– Krokus 46 / II, III
– Kuhschelle 185 / III
Fuchs-Rose 69 / I
Fuchsschwanz 167 / I
Fumaria spicata 89 / III

G
Galanthus nivalis 183 / II, III
Galega officinalis 142 / II, III
Gamander 83 / III
Gänseblümchen 151 / II, III
Garten-
– Anemone 44 / III
– Hyazinthe 47 / II, III
– Kürbis 171 / III
– Nelke 113 / III; 155 / I, III; 156 / I
– Pfingstrose 71 / I
– Pfingstrose, Gefüllte 70 / I
– Siegwurz 120 / IIII
– Siegwurz, Dunkelblütige 120 / III
– Thymian 170 / III
Gartenrittersporn 110 / II, III
Geißbart 136 / II
Geißblatt,
– Deutsches 85 / III
– Echtes 85 / II
Geißklee, Italienischer 37 / II
Geißraute 142 / II, III
Gemüse-Artischocke 145 / I
Gentiana
– *germanica* 163 / III
– *pneumonanthe* 134 / II
– *verna* 76 / III
Gentianella ciliata 163 / II
Germer,
– Schwarzer 132 / III
– Weißer 132 / I
Gladiole 120 / III, IIII
Gladiolus
– *communis* 120 / III, IIII
– *palustris* 120 / II
Glaucium flavum 147 / I
Glockenblume, 126 / II
– Rundblättrige 153 / I
Goldapfel 160 / I
Goldlack 106 / II, III; 107 / I-III
Goldregen, Gemeiner 34/ I
Granatapfelbaum 95, 96 / I
Graslilie, Ästige 74 / II
Greiskraut, Fettblättriges 90 / II
Gynandriris sisyrinchium 116 / I

H
Habichtskraut,
– Glattes 146 / II
– Orangerotes 99 / III
Haferwurzel 103 / III
Hahnenfuß,
– Asiatischer 43 / I-V
– Eisenhutblättriger 42 / I
– Knolliger 42 / III
Halimione portulacoides 168 / II
Hartheu 133 / II, III
Haselwurz 71 / II
Hasenglöckchen 50 / II
Hauhechel, Gelbe 140 / II
Hauswurz, Baumartige Kanarische 175 / I
Helianthus
– *annuus* 122 / I
– × *multiflorus* 123 / I
Helichrysum orientale 131 / I
Helleborus niger 183 / I
Hemerocallis
– *fulva* 90 / I
– *lilioasphodelus* 87 / III
Hepatica nobilis 46 / IIII, V
Herbst-
– Adonisröschen 125 / II
– Blaustern 174 / II
– Goldbecher 174 / I, VI
Herbstzeitlose 174 / IIII, V; 175/ II, III
Hesperis matronalis 79 / II, III

Hibiscus
– *sabdariffa* 126 / I
– *syriacus* 97
Hieracium
– *aurantiacum* 99 / III
– *inuloides* 146 / II
– *vulgatum* 146 / II
Himmelsleiter 139 / II, III
Honigklee 142 / I
Hornmohn, Gelber 147 / I
Hornsauerklee 66 / III
Huflattich 185 / I
Hunds-Veilchen 76 / II
Hundszahn 40 / II, III
Hyacinthoides non-scripta 50 / II
Hyacinthus orientalis 47 / II, III
Hypericum
– *androsaemum* 133 / I
– *hircinum* 133 / II
– *maculatum* 133 / III

I
Iberis umbellata 130 / II, III
Immergrün,
– Großes 85 / I
– Kleines 35 / II-V
Inula helenium 165 / I
Iris
– *florentina* 80 / II
– *pallida* 80 / III; 82 / I
– *pseudoacorus* 82 / III
– *pumila* 78 / I-IIII
– *sibirica* 79 / I; 114 / III
– *spec.* 80 / I; 81 / II, III
– *variegata* 82 / II
– *xiphiodes* 120 / I
– *xiphium* 114 / II; 117 / I; 121 / II, III

J
Jakobsleiter 139 / II, III
Jasmin,
– Gelb blühender 143 / II
– Weiß blühender 143 / I
Jasminum
– *fruticans* 143 / II
– *grandiflorum* 143 / I
– *odoratissimum* 143 / II
– *officinale* 143 / I
Jelängerjelieber 95 / II
Johannisbeere,
– Rote 39 / II, IIII, V
– Schwarze 39 / III
Johanniskraut 133/ II, III
Judasbaum 33 / I
Jungfer im Grünen 109 / II, III

K
Kaffernkorn 169 / I, II
Kaiserkrone 60, 61
Kali-Salzkraut 126 / III
Kalmus 83 / I
Kamille, Römische 144 / II, III
Kanten-Hartheu 133 / III
Kapernstrauch, Falscher 140 / I
Kapuzinerkresse, Kleine 151 / I
Kardone 145 / I
Kartoffel 170 / I
Katzenpfötchen, Gemeines 55 / II, III
Kirschpflaume 96 / II
Klatschmohn 148 / II
Knabenkraut,
– Breitblättriges 48 / III
– Dreizähniges 48 / II
– Geflecktes 50 / III
Knautia arvensis 137 / III
Knollen-Platterbse 152 / V
Königskerze, Schwarze 141/III
Korallenwurz 119 / IIII
Kreuzblume, Buchsbaumblättrige 72 / III
Küchenschelle 185 / II
Kuhschelle 185 / II

L
Laburnum
– *alpinum* 34 / II
– *anagyroides* 34 / I
Lagenaria spec. 171 / II
Lathraea squamaria 40 / I
Lathyrus tuberosus 152 / V
Lauch-Gamander 83 / II
Lavandula
– *latifolia* 172 / II, III
– *spec.* 156 / II, III
Lavatera arborea 127 / I
Lavendel 156 / II, III
Leberblümchen 46 / IIII, V
Legousia speculum-veneris 74 / I
Leimkraut,
– Gemeines 101 / II
– Nickendes 101 / III
Lerchensporn, Hohler 41/ IIII;
Leucojum vernum 183 / IIII, V
Levkoje 104 / I-IIII; 105 / I-III; 106 / I; 111 / I, III
Lichtblume 45, 51 / III
Liguster, Gemeiner 38 / II
Ligustrum vulgare 38 / II
Lilie, Weiße 65 / I, III
Lilium
– *bulbiferum* 62 / I; 63 / I, II; 64 / I
– *candidum* 65 / I, III
– *chalcedonicum* 117 / II
– *martagon* 112, 113 / I; 115 / I, II
– *pomponium* 114 / I
– *pyrenaicum* 116 / II, III
Linum perenne 103 / I
Lonicera
– *caprifolium* 85 / II
– *periclymenum* 85 / III
Lotuspflaume 38 / I
Lungen-Enzian 134 / II
Lungenkraut, Echtes 40 / IIII
Lychnis viscaria 36 / II
Lycopersicon
– *esculentum* 159 / I
– *spec.* 158 / I
Lycopodium clavatum 135 / II

M
Madonnen-Lilie 65 / I, III
Maianthemum bifolium 33 / II
Maiglöckchen,
– Rosa blühendes 88 / III
– Weiß blühendes 88 / II
Mai-Rose 69 / II
Majoran 160 / II
Malus spec. 36 / I
Mandragora autumnalis 84 / I
Mannsblut 133 / I
Marien-Glockenblume 100 / II, III; 101 / I
Marille 96 / III
Märzenbecher 183 / IIII, V
Maßliebchen 151 / II, III
Matthiola incana 104 / I-IIII; 105 / I-III; 106 / I; 111 / I, III
Mauerpfeffer,
– Milder 152 / IIII
– Scharfer 152 / III
Mauer-Pippau 167 / II
Mäusedorn, Stechender 32 / I
Meerzwiebel 46 / I
Melilotus officinalis 142 / I
Melocactus intortus 176 / I
Menyanthes trifoliata 74 / III
Milchstern, Doldenblütiger 47 / I
Milzkraut,
– Gegenblättriges 33 / IIII
– Wechselblättriges 185 / V
Mirabilis jalapa 163 / I; 164 / I
Mohrenhirse 169 / I, II
Moluccella laevis 129 / I
Mondraute 33 / III
Momordica balsamina 160 / II, III
Moneses uniflora 72 / II
Moosauge 72 / II
Moschus-Traubenhyazinthe 49 / II, III
Mummel 75 / III
Muscari
– *botryoides* 51 / IIII, V
– *comosum* 50 / I

– *moschatum* 49 / II, III;
– *neglectum* 49 / I
Muschelblume 129 / I

N
Nacht-Leimkraut 131 / III
Nachtviole 79 / II, III
Narcissus
– *aureus* 54 / II
– × *incomparabilis* 52 / I, II
– *jonquilla* 53 / II
– *pseudonarcissus* 51 / I, II; 52, 53 / III
– *spec.* 54 / III
– *tazetta* 54 / I
Narzisse, 52 / I, II, IIII; 53 / II
– Binsenblättrige 53 / II
– Goldgelbe 54 / II
– Trompeten- 51 / I; 52, 53 / III
– Vielblütige 54 / I
– Weiße 54 / III
Nelke 113 / II
Neottia nidus-avis 119 / III
Nerium oleander 93 / I, II
Nestwurz 119 / III
Nieswurz, Schwarze 183 / I
Nigella
– *damascena* 109 / II, III
– *hispanica* 109 / I
Nuphar lutea 75 / III
Nymphaea alba 751 / I, II

O
Ohrlöffel-Lichtnelke 167 / III
Oleander, Echter 93 / I, II
Ononis natrix 140 / II
Opuntia ficus-indica 180 / I; 181 / I-III
Orange 94 / III
Orchis
– *coriophora* 119 / II
– *purpurea* 119 / I
– *tridentata* 48 / II
– *ustulata* 89 / II
Oregano 165 / II, III
Origanum
– *vulgare* 165 / II, III
Ornithogalum umbellatum 47 / I
Osterglocke 51 / I; 52, 53 / III
Oxalis
– *acetosella* 66 / II
– *corniculata* 66 / III

P, Q
Paeonia
– *mascula* 72 / I
– *officinalis* 70, 71 / I
– *peregrina* 73 / I-III
Pancratium illyricum 55 / I
Pankrazlilie 55 / I
Papaver
– *rhoeas* 148 / II
– *somniferum* 148 / I; 149 / II, III; 150 / I-III
Paprika 161 / I
Paradisea liliastrum 88 / I
Paris quadrifolia 98 / I
Parnassia palustris 134 / III
Pechnelke 36 / II
Peru-Blaustern 48 / I
Pestwurz,
– Gemeine 184 / I
– Weiße 184 / III
Petasites
– *albus* 184 / III
– *hybridus* 184 / I
Pfeifenstrauch, Europäischer 32 / II, III
Pfingstrose,
– Großblättrige 72 / I
– Wandernde 73 / I-III
Pharbitis
– *nil* 153 / III
– *purpurea* 153 / II
Philadelphus coronarius 32 / II, III
Pimpernuß, Gemeine 35 / I
Pimpinell-Rose, Hellgelbe 69 / IIII
Pisum sativum 152 / VI
Plantago major 95 / II, III
Polemonium caeruleum 139 / II, III
Polygala chamaebuxus 72 / I
Polygonum bistorta 86 / I
Pomeranze 94 / I
Porree 121 / I
Primula
– *auricula* 41 / I-III
– *vulgaris* 40 / V
Prunus
– *armeniaca* 96 / III
– *cerasifera* 96 / II
Pulmonaria officinalis 40 / IIII
Pulsatilla
– *vernalis* 185 / III
– *vulgaris* 185 / II
Punica granatum 95, 96 / I
Purpur-
– Knabenkraut 119 / I
– Skabiose 138 / I, II
– Trichterwinde 153 / II
Pyrenäen-Lilie 116 / II
– Gepunktete 116 / III
Pyrola minor 125 / I
Quendel 170 / II

R
Rainweide, Gemeine 38 / II
Ranunculus
– *aconitifolius* 42 / I
– *bulbosus* 41 / III
– *ficaria* 84 / II
– *spec.* 43 / I-V
Ribes
– *alpinum* 39 / I
– *nigrum* 39 / III
– *rubrum* 39 / II, IIII, V
Ricinus communis 134, 135 / I
Rittersporn, Hoher 102 / I
Rizinus 134, 135 / I
Rosa
– × *alba* 68 / I, II
– *centifolia* 67 / I
– *foetida* 69 / I
– *gallica officinalis* 67 / III
– *gallica officinalis-versicolor* 67 / II
– *hemispherica* 67 / IIII
– *majalis* 69 / II
– *pendulina* 69 / III
– *spec.* 66 / I; 68 / IIII
– *spinosissima* 69 / IIII
Rose von Jericho 176 / II, III
Rose,
– Duftende weiße 68 / IIII
– Gelbe 69 / I
– Weiße 66 / I; 68 / I, II
Rosellahanf 126 / I
Rosen-Eibisch 97
Rosenlorbeer 93 / I, II
Rosmarin 146 / III
Rosmarinus officinalis 146 / III
Ruscus 32 / I
– *aculeatus* 32 / I

S
Safran, Echter 117 / IIII; 176 / III
Salbei-Gamander 130 / I
Salsola kali 126 / III
Salvia pratensis 86 / II, III
Salzkraut 126 / III
Samtblume 154 / I
Saxifraga cotyledon 124 / I
Scabiosa
– *atropurpurea* 138 / I, II
– *columbaria* 138 / III
– *stellata* 137 / II
Schabenkraut 141 / I, II
Schachbrettblume 53 / I
Scharbockskraut 84 / II
Scharlachlilie 117 / II
Schattenblume 33 / II
Schlafmohn 148 / I; 149 / II, III; 150 / I-III
Schlangen-Knöterich 86/ I
Schlangenkraut, Gemeines 118 / I
Schlangenwurz 50 / IIII
Schleifenblume, Doldige 130 / II, III

Schlüsselblume, Schaftlose 40 / V
Schneeball, Gemeiner 37 / I
Schneeglöckchen 183 / II, III
Schöterich 111 / II
Schopf-Traubenhyazinthe 50 / I
Schotendotter 111 / II
Schuppenwurz 40 / I
Schwanenblume 85 / IIII
Schwarzkümmel,
– Damaszener 109 / II, III
– Spanischer 109 / I
Schwarzwurzel 136 / I
Schwertlilie 81 / II, III
– Blasse 80 / III; 82 / I
– Bunte 82 / II
– Englische Zwiebel- 120 / I
– Florentiner 80 / II
– Kleine 116 / I
– Sibirische 79 / I; 114 / III
– Spanische 114 / II; 117 / I; 121 / II, III
Schwiegermutterstuhl 176 / I
Scilla
– *amoena* 45 / IIII
– *autumnalis* 174 / II
– *peruviana* 48 / I
Scorzonera hispanica 136 / I
Sedum
– *acre* 152 / III
– *pilosum* 152 / II
– *sexangulare* 152 / IIII
Seekandel 75 / III
Seerose, Weiße 75 / I, II
Sempervivum
– *montanum* 70 / II
– *tectorum* 152 / I
Senecio doria 90 / II
Silene
– *noctiflora* 131 / III
– *nutans* 101 / III
– *otites* 167 / III
– *vulgaris* 101 / II
Solanum
– *tuberosum* 170 / I
Sommerjasmin 32 / II, III
Sommer-Lauch 121 / I
Sonnenblume 122 / I
– Vielblütige 123 / I
Sorghum bicolor 169 / I, II
Spargel 91 / I, II
Speik, Großer 172 / II, III
Spornblume, Rote 100 / I
Sporn-Mauerpfeffer 152 / IIII
Spritzgurke 146 / I
Staphylea pinnata 35 / I
Stechapfel 168 / I
Steinklee 142 / I
Stern von Bethlehem 47 / I
Sternbergia lutea 174 / I, VI
Stern-Skabiose 137 / II
Stiefmütterchen, Wildes 147 / II, III
Stockmalve 128 / I, II
Stockrose 128 / I, II
Strauchpappel, Große 127 / I
Straußhyazinthe, Kleine 51 / IIII, V
Strauß-Steinbrech 124 / I
Strohblume, Gelb blühende 131 / I
Studentenblume 154 / II, III
Sudanmalve 126 / I
Sumpf-
– Dotterblume 76 / I
– Herzblatt 134 / III
– Kalla 50 / IIII
– Siegwurz 120 / II

T
Tagetes
– *erecta* 154 / I
– *patula* 154 / II, III
Taglilie,
– Gelbe 87 / III
– Rot-Gelbe 90 / I
Taro 171/ I
Tauben-Skabiose 138 / III
Tausendschön 151 / II, III
Tausendgüldenkraut, Echtes 64 / II, III
Teichrose, Gelbe 75 / III
Teucrium
– *chamaedrys* 83 / III
– *scordium* 83 / II
– *scorodonia* 130 / I
Thymian, Wilder 170 / II
Thymus
– *pulegioides* 170 / II
– *vulgaris* 170 / III
Tomate 158, 159 / I
Tordylium
– *apulum* 149 / I
– *officinale* 149 / I
Tragopogon
– *dubius* 103 / III
– *porrifolius* 103 / III
Traubenhyazinthe, Übersehene 49 / I
Trichterlilie 88 / I
Trichterwinde 153 / III
Trollblume 42 / II
Trollius europaeus 42 / II
Tropaeolum minus 151 / I
Tulipa spec. 56, 57 / I-V; 58 / I, II; 59 / I-III
Tulpe 56, 57 / I-V; 58 / I, II; 59 / I-III
Tüpfel-Hartheu 133 / III
Turban-Lilie 114 / I
Türkenbund-Lilie 112, 113 / I; 115 / I, II
Tussilago farfara 185 / I

U, V
Urginea maritima 46 / I
Valeriana phu 139 / I
Veilchen, Hohes 62 / II, III
Venusspiegel 74 / I
Veratrum
– *album* 132 / I
– *nigrum* 132 / II
Verbascum
– *blattaria* 141 / I, II
– *nigrum* 141 / III
Veronica longifolia 65 / II
Viburnum opulus 37 / I
Vinca
– *major* 85 / I
– *minor* 35 / II-V
Viola
– *canina* 76 / II
– *elatior* 62 / II, III
– *tricolor* 147 / II, III

W
Waldgamander 130 / I
Wald-Geißblatt 85 / III
Waldsauerklee 66 / II
Waldvögelein, Bleiches 87 / II
Wanzen-Knabenkraut 119 / II
Wasser-
– Gamander 83 / II
– Melone 158 / III
– Schwertlilie 82 / III
Wiesen-
– Glockenblume 36 / III
– Knöterich 86 / I
– Salbei, Blauer 86 / II
– Salbei, Weißer 86 / III
Wintergrün, Kleines 125 / I
Winterling 184 / II
Witwenblume 137 / III
Witwen-Iris 80 / I
Wunderbaum 134 / I
Wunderblume 163, 164 / I

Z
Zahnwurz, Zwiebeltragende 131 / II
Zimt-Rose 69 / II
Zirmet 149 / I
Zitronat-Zitrone 94 / II
Zucker-Melone 158 / II
Zwergbuchs 72 / III
Zwergginster, Balkanischer 37 / III
Zwerg-Schwertlilie 78 / I-III
Zygophyllum fabago 140 / I

Als Vorlage für den Nachdruck der Farbtafeln diente das handkolorierte Exemplar der Erstausgabe des *Hortus Eystettensis*, der Universitätsbibliothek Eichstätt / Eigentum des Bischöflichen Seminars. Wir danken den Mitarbeitern der Bibliothek für die freundliche Unterstützung.

Umschlagvorder- und Umschlagrückseite:
TULIPA SPEC.
Tulpe mit gelben, getupften Blütenblättern (Detail)

© 2001 TASCHEN GmbH
Hohenzollernring 53, D-50672 Köln
www.taschen.com

REDAKTION
Christiane Blass, Susanne Klinkhamels, Köln

FACHLEKTORAT
Kerstin Walter, Aachen

PRODUKTION
Ute Wachendorf, Köln

DESIGN
Lambert und Lambert, Düsseldorf

COPYRIGHT
Bernd Ringholz, Ansbach: ABB. 5, 6, 7, 8
Franz Kimmel, München: ABB. 4, ABB. S. 6, 7

ISBN 3-8228-5531-6
Printed in Italy

"Buy them all and add some pleasure to your life."

Art Now
Eds. Burkhard Riemschneider, Uta Grosenick

Art. The 15th Century
Rose-Marie and Rainer Hagen

Art. The 16th Century
Rose-Marie and Rainer Hagen

Atget's Paris
Ed. Hans Christian Adam

Best of Bizarre
Ed. Eric Kroll

Karl Blossfeldt
Ed. Hans Christian Adam

Chairs
Charlotte & Peter Fiell

Classic Rock Covers
Michael Ochs

Description of Egypt
Ed. Gilles Néret

Design of the 20th Century
Charlotte & Peter Fiell

Dessous
Lingerie as Erotic Weapon
Gilles Néret

Encyclopaedia Anatomica
Museo La Specola Florence

Erotica 17th–18th Century
From Rembrandt to Fragonard
Gilles Néret

Erotica 19th Century
From Courbet to Gauguin
Gilles Néret

Erotica 20th Century, Vol. I
From Rodin to Picasso
Gilles Néret

Erotica 20th Century, Vol. II
From Dalí to Crumb
Gilles Néret

The Garden at Eichstätt
Basilius Besler

Indian Style
Ed. Angelika Taschen

Male Nudes
David Leddick

Man Ray
Ed. Manfred Heiting

Native Americans
Edward S. Curtis
Ed. Hans Christian Adam

Paris-Hollywood.
Serge Jacques
Ed. Gilles Néret

20th Century Photography
Museum Ludwig Cologne

Pin-Ups
Ed. Burkhard Riemschneider

Giovanni Battista Piranesi
Luigi Ficacci

Provence Style
Ed. Angelika Taschen

Redouté's Roses
Pierre-Joseph Redouté

Robots and Spaceships
Ed. Teruhisa Kitahara

Eric Stanton
Reunion in Ropes & Other Stories
Ed. Burkhard Riemschneider

Eric Stanton
The Sexorcist & Other Stories
Ed. Burkhard Riemschneider

Tattoos
Ed. Henk Schiffmacher

Edward Weston
Ed. Manfred Heiting

www.taschen.com

★ ICONS